用Python编程和实

算法

用传统算法学习算法准则和算法复杂度

[日] 增井 敏克 著　　陈欢 译

· 北京 ·

内容提要

《用Python编程和实践！算法入门》是一本用Python学习算法基础和思考方法的入门书，用浅显易懂的语言对算法的基本原理及算法复杂度和计算量进行了详细讲解。针对新接触Python的读者，先介绍了Python编程的基础知识和数据结构，然后通过大量示例代码和流程图对算法相关的知识进行了详细解释，如算法复杂度、各种查找算法、不同数据排序的方法，以及最短路径问题、贝尔曼-福特算法、戴克斯特拉算法、A*算法、暴力搜索法、Boyer-Moore算法等。特别适合编程零基础读者、计算机相关专业学生、算法基础薄弱的程序员一边写代码，一边学习算法基础知识，并从不变的算法中学习思考方法。

图书在版编目（CIP）数据

用Python编程和实践！算法入门 /（日）增井 敏克著 ; 陈欢译. -- 北京：中国水利水电出版社，2021.10

ISBN 978-7-5170-9797-6

Ⅰ. ①用… Ⅱ. ①增… ②陈… Ⅲ. ①软件工具—程序设计 Ⅳ. ①TP311.561

中国版本图书馆CIP数据核字（2021）第151843号

北京市版权局著作权合同登记号　图字：01-2021-3679

书　名	用 Python 编程和实践！算法入门 YONG Python BIANCHENG HE SHIJIAN! SUANFA RUMEN
作　者	[日] 增井 敏克　著
译　者	陈欢　译
出版发行	中国水利水电出版社 （北京市海淀区玉渊潭南路 1 号 D 座 100038） 网址：www.waterpub.com.cn E-mail：zhiboshangshu@163.com 电话：(010) 62572966-2205/2266/2201（营销中心）
经　售	北京科水图书销售中心（零售） 电话：(010) 88383994、63202643、68545874 全国各地新华书店和相关出版物销售网点
排　版	北京智博尚书文化传媒有限公司
印　刷	北京富博印刷有限公司
规　格	148mm×210mm　32 开本　8.5 印张　304 千字
版　次	2021 年 10 月第 1 版　2021 年 10 月第 1 次印刷
印　数	0001—4000 册
定　价	89.80 元

前言

在现代社会中，当我们在网上写博客时，会很自然地去关注“搜索结果排名靠前的算法”。在医疗行业中也开始使用“治疗算法”等专业术语，可见“算法”这一说法已经不再局限于IT领域，而是逐渐渗透到了我们的日常生活中。

实际上，算法是指解决问题的步骤和计算方法，有时也称为计算的方法，它具体而明确地展示了求解时所需使用的步骤。通过使用合适的算法，并且按照算法的步骤进行操作，无论是谁都可以得到相同的答案。

在编写程序时，算法是指使用计算机解决问题的步骤，以及程序的实现。此外，当存在可以得出相同答案的多个解法时，为了寻找高效的处理方法，就需要使用到算法的思维方式。虽然计算机可以高速处理大量的单纯计算，但是有时只需对处理步骤稍作调整，就有可能大幅度缩减处理所需的时间。

因此，我们在本书中选用了目前广受欢迎的Python语言来对大家熟知且常用的基本算法进行讲解。在编写本书时，考虑到了以下读者的需求：虽然使用Python学习了编程，但是仍然不知道该从何处下手的读者；虽然以前想过要学习算法，但由于Python的资料太少，至今也没有正式着手学习的读者；由于日本将Python纳入了基础信息技术人员考试，因此想要学习的读者。

此外，本书还适合正在从事编程工作、但是对算法相关知识还比较欠缺的读者，以及虽然平时也使用了各种方便的软件库，但是还想知道其内部处理方法的读者阅读。

日常工作中真的需要算法吗？

在我们的日常工作中，通常使用的是事先安装好的软件库，因此几乎不会直接使用书中所讲解的基本算法。既然如此，那为何还要学习基本算法呢？是因为通过学习基本算法并自己编程实现，可以加深对编程语言的理解，夯实自己的“内功”。

在基本算法中包含变量、数组、循环以及条件语句等编程的基础元素。结合这些基础元素一起学习数据结构，可以帮助我们学习更好的实现方法。

虽然本书中的算法是非常简单的，但是其中包含了解决问题所需的思想精髓。当然，这些基本算法在日常工作中很少会直接使用，但是是否理解算法的思想对于实际工作是有很大影响的。

我们可以通过将多种实现方式进行比较来实际感受一下“因为算法的设计不同，导致处理速度也会有很大不同”这个观点。此外，我们还会意识到算法的选择也是很重要的一件事情。当数据量较少时，使用速度较慢的算法也是没有问题的，但是当数据量增加时，所需的处理时间也会变长，就会发现选择一种高速处理的算法是一件多么重要的事情。在这种情况下，要理解算法复杂度的思想，就必须要具备算法的相关知识。

算法的学习方法

在学习算法时，我们要养成一种时常思考是否还有更好的方法的习惯。不要抱着“反正能跑就行”的想法，而是要思考怎样操作才能更简单地实现，如何操作才能提高处理的速度。一旦养成了思考的习惯，我们就不再只是单纯地对代码进行粘贴复制，而是通过这样活跃思维的方式来提高学习的效率。

在学习本书时，可能有些人会复制粘贴源代码，以确认程序是否能够运行。当然这也是一种学习的方法，但是还是建议大家能够亲自动手输入代码。虽然这看起来跟抄写经文一样，但在学习编程时，通过自己手动输入代码可以更深入理解且更有效地掌握知识。

所以就算是照抄，也请一定先亲自输入一遍代码并试着运行。虽然有时会发生输入错误，导致程序无法正常运行，但是对显示的错误信息进行解读并修改调试代码，也是提高编程能力的捷径。

此外，通过手动输入，还可以加深对文本编辑器的使用方法和IDE（集成开发环境）提供的各种辅助输入功能的理解。建议大家尝试在各种环境中进行输入和比较。然后，不看书中的源代码，尝试自己从零开始构建代码。你会发现，即使我们在大脑中知道是如何实现的，在实际动手从零开始操作也是一件非常困难的事情。

所以我们一定要养成自己手动输入，自己主动思考的习惯，这种习惯将在学习新的编程语言或其他各种场合中派上用场。所以，不仅是对算法的学习，还是今后对其他编程知识的学习，都请继续保持这种好的习惯。

本书的结构

本书共由6章和附录构成。

第1章　对编程语言Python相关的概要、语法以及实现方法等内容进行讲解。

第2章　通过编写多个简单的程序，对流程图的绘制和基于Python的实现进行讲解。

第3章　对算法复杂度的思想进行简单的介绍，并对从多种实现方式中选择最优算法的要点进行讲解。

第4章　为了从大量数据中找到所需数据，对“查找”的传统算法进行了解释和比较。

第5章　对分配的数据进行快速排列的排序，并对各种不同的算法进行讲解，对不同算法的处理速度和实现方法进行比较。

第6章　对日常工作中使用的算法进行介绍，并对自己动手实现算法时有帮助的思维方式进行讲解。

附录A/B　附加了Python安装方法的说明，以及各章最后部分的习题的答案和解题分析。

配套文件的下载

本书配套的资源（本书中的示例代码文件）可以按下面的方法下载后使用。

（1）扫描右侧的二维码，或在微信公众号中直接搜索“人人都是程序猿”，关注后输入pysfrm并发送到公众号后台，即可获取资源的下载链接。

（2）将链接复制到电脑浏览器的地址栏中，按Enter键即可下载资源。注意，在手机中不能下载，只能通过电脑浏览器下载。

（3）读者也可加入QQ群：132333129，与其他读者交流学习。

本书中Python的安装以及示例代码的开发/执行使用的都是Anaconda工具包。有关Anaconda的详细内容及安装方法，请参考附录A。

本书中的示例代码已经在下列环境中经过测试，可以顺利执行：

- Anaconda 2019.10
- Python 3.7

注意事项

- 本书配套资源的相关权利归作者以及翔泳社所有。未经许可不得擅自分发，不可转载到其他网站上。
- 配套资源可能在无提前通知的情况下停止发布。感谢你的理解。

免责事项

本书及配套资源中提供的信息虽然在出版时力争做到描述准确，但是无论是作者本人还是出版商都对本书的内容不作任何保证，也不对读者基于本书的示例或内容所进行的任何操作承担任何责任。

关于著作权

目 录

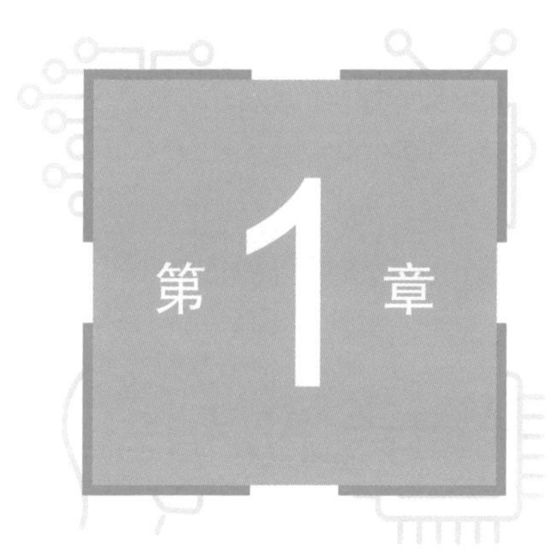

理解Python的基础知识和数据结构

如果我们要学习算法，那么编程语言的相关知识就是不可或缺的。在本章中，我们将对为什么选择Python作为算法学习的编程语言，以及Python语言的基本知识进行讲解。

1.1 编程语言的选择

√ 根据需要创建的软件选择编程语言。

√ 编程语言的执行方式可分为编译执行和解释执行两种。

1.1.1 根据目的选择语言

计算机是无法理解我们人类所说的日语或者英语等自然语言的。因此，我们需要使用计算机能够理解的语言来对其下达命令。计算机能够理解的是像下面这样的由0和1构成的称为机器语言的语言。而对于人类而言，要理解这样的机器语言并将自己的意图准确地传达给计算机是一件非常麻烦的事情[注1]。

```
01010101 10001011 10000001 11101100 11100100 00000000 00000000
00000000 01010011 01010110 01010111 10001101 00011100 11111111
11111111 11111111 10111001 00111001 00000000 00000000 00000000
…
```

因此，为了简化这一操作，人类就创造了大量的编程语言。软件开发人员通过学习编程语言，并根据其语法编写被称为源代码的文件。使用这些编程语言编写的源代码，对于人类而言要比机器语言更易于理解，而且也可以非常简单地将其转换为机器语言。

但是，不同的编程语言也都有其擅长或不擅长的环境或领域。因此，我们应当根据自身需要创建的系统、服务或目的来选择最适合的编程语言（图1.1）。

注1　虽然使用十六进制进行表示，所需的位数会减少，但是实质性的内容并没有变化。

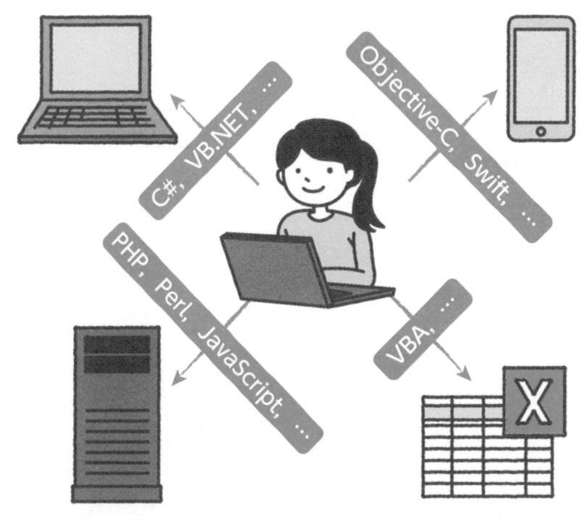

图1.1 根据需要创建的软件选择编程语言

例如，假设我们需要开发智能手机中的应用程序，如果是Android系统，则可以使用Java或Kotlin语言；如果是iOS系统，则可以使用ObjectiveC或Swift之类的编程语言；如果是Windows的应用程序，则可以使用C#或VB.NET语言；如果是Excel的自动化，则可以使用VBA语言；如果是Web应用，则大多使用PHP或Perl、JavaScript等编程语言。

选择Python的理由

本书中我们将使用名为Python[注1]的编程语言进行讲解。Python语言不仅是Web应用中常用的开发语言，而且由于其提供了丰富的用于执行统计等处理的软件库，在科学计算和数据分析领域中得到了广泛的应用。

此外，由于Python在Raspberry Pi等小型计算机中也是系统的标准组件，其在IoT设备中也可以非常容易地实现对传感器的控制和处理。

当然，在当前最令人无法忽视的最新的人工智能（AI）的研究和开发领域中，Python也得到了广泛的应用。目前的机器学习主要还是围绕着统计学的思路展开研究的，因此大量的开发人员都在使用统计功能强大的Python语言。大家也可以通过购买书籍，或者网上搜索资料等方式简单地获取相关的知识，因此Python也是一种时下非常流行的编程语言。实际上，在知名的编程语言人气排行榜TIOBE的2019年12月的排行榜中，Python已经入围了前三名，见表1.1。

注1 https://www.python.org。

表1.1 TIOBE 排行榜（2019年12月）

排 名	语言名称	占有率[注1]/%
1	Java	17.253
2	C	16.086
3	Python	10.308
4	C++	6.196
5	C#	4.801
6	Visual Basic .NET	4.743
7	JavaScript	2.090
8	PHP	2.048
9	SQL	1.843
10	Swift	1.490

另外，日本的IPA（独立行政法人信息处理推进机构）举办的全国考试中的基本信息技术人员考试已经于2020年废除了COBOL，继而采用了Python。我们可以从以上所列举的现象中预想到使用Python的情形将会不断增加，如果从现在就开始着手学习，想必一定会对今后的工作和学习有所帮助。

1.1.2 了解转换方式的不同

编程语言的转换方式可以分为编译型语言和解释型语言两大类型。编译型语言是通过编译器转换为机器语言的，而解释型语言则是通过解释器进行转换的。

编译器在执行处理之前将按照编程语言编写的源代码转换成机器语言的程序后再执行。由于事先已经将源代码转换成了机器语言的程序，因此其特点是可以高速地执行处理（图1.2）。

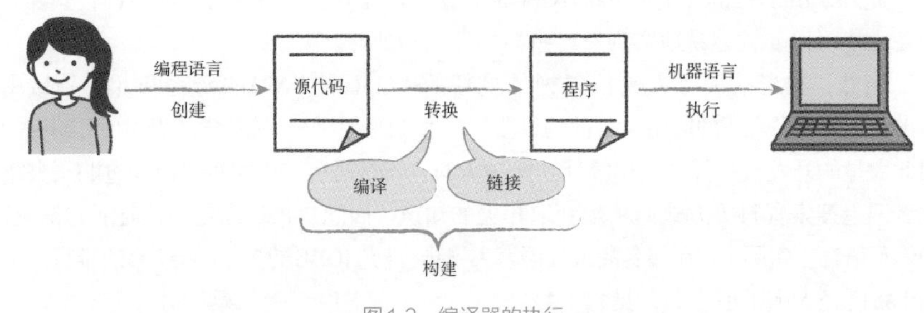

图1.2 编译器的执行

注1 占有率（比例）是根据全球的软件工程师、课程数量、第三方厂商的数量等数据统计而成的。

而解释器则是在执行处理的同时将源代码转换成机器语言。由于没有在事先进行转换，因此，它的执行方式是将人类编写的源代码一行一行地进行解释并执行（图1.3）。

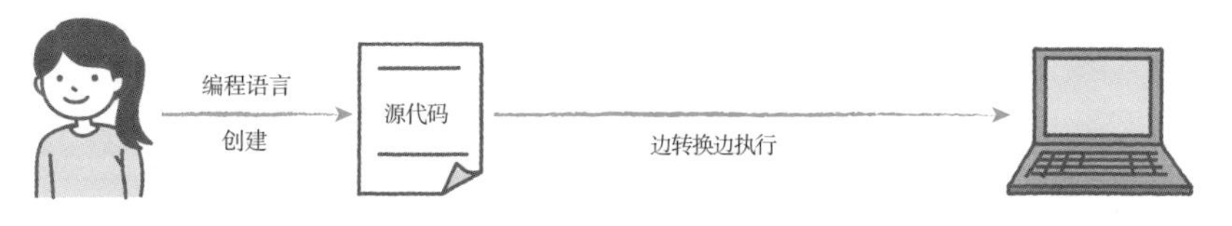

图1.3　解释器的执行

这个区别就好比笔译和口译之间的区别（图1.4）。笔译是事先就将英语翻译成了日语，即使我们不懂英语，只要懂日语就可以毫不费力地阅读文章。但是，如果英语文章中内容发生了改动，就不得不让专业人士重新进行翻译。

而口译就相当于在说英语的人旁边站着一位口译人员。由于每次会话都会进行语言的转换，虽然在转换上会花一点时间，但是即使英语的文章有所改动，也是可以实时进行翻译的。只不过，在使用者的身边需要长期配备一位口译人员。

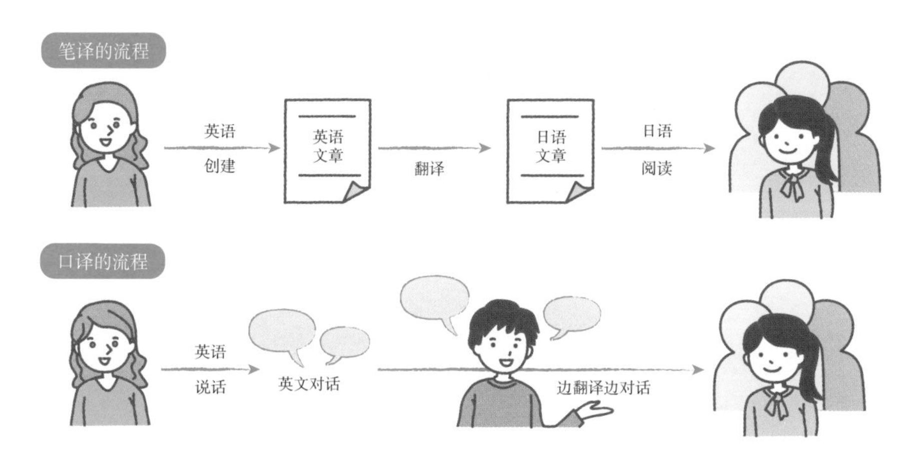

图1.4　笔译与口译的区别

可以说编译器和解释器的区别也是同样的道理。

解释器可以在编写完源代码后立即执行，所以从编写代码到程序可以执行之间所需的时间会比较短。然而，由于它是在执行的时候一边解释一边执行的，因此在执行上花费的时间较长，而且在使用者的环境中需要安装可以进行转换的软件。

而编译器是事先进行转换的，因此从编写代码到程序可以执行之间所需的时间会比较长，而在程序执行上花费的时间则比较短。而且使用者的环境中不需要特地安装编译器软件。

综上所述，我们在表 1.2 中对两者的区别进行了比较。

表 1.2　解释器和编译器的区别

	优　点	缺　点
解释器	●执行简便 ●可以不依赖执行环境进行分发	●处理速度较慢 ●分发时需要同时安装解释器
编译器	●处理速度快 ●只需分发执行文件即可	●执行之前的处理较多 ●执行文件必须要兼容执行环境

1.2 Python编程语言概要

√ Python 3系列是现今应用范围最广泛的Python版本。

√ Python执行处理的方法包括对话模式和使用脚本文件执行的方法两种。

1.2.1 Python的特点

Python属于解释型语言，此外，也可以将它归类为适于轻度开发的脚本语言。对于同样的处理，使用脚本语言编写的代码会比其他语言更为简洁，因此，与C和Java等语言相比，脚本语言具有源代码更为简短的特点。

Python语言自1991年开始开发以来一直致力于改良实现机制且不断升级版本。自1994年公布了Python 1.0版本之后，于2000年公布了Python 2.0版本，之后又在2008年公布了Python 3.0版本。现今2.0的升级版本Python 2系列和3.0的升级版本Python 3系列都被广泛应用于各个领域中。

近年来，越来越多的领域在使用Python 3系列，但Python 2系列仍然被广泛应用的原因之一，是因为这两个版本相互不兼容。而其他编程语言的新版本通常都是兼容旧版本的，正常情况下，使用旧版本编写的源代码也可以在新版本中执行。

然而，在Python语言中这两个版本是无法兼容的（当然，在Python 2、Python 3系列内部的版本升级是具有兼容性的）。因此，就出现了基于Python2 系列编写的源代码无法移植到Python 3系列中，只能继续保留下来的情况，而存在这一问题的企业并不在少数。

所幸的是Python允许在同一系统中同时安装Python 2系列和Python 3系列。如果已经安装了Python 2系列，可以不用将其卸载，直接安装Python 3系列即可。

官方对Python 2系列的支持只提供至2020年1月1日。如果在此之前没有使用过Python，直接安装Python 3系列即可。如果需要继续使用旧版本的系统，就可能还需要对Python 2系列进行学习。

1.2.2 执行Python

我们可以从官方网站下载自己需要的软件包对Python进行安装，也可以使用名为Anaconda的Distribution（可以一次性安装的软件包）进行安装。

在本书中，我们将使用Anaconda对Python 3系列进行安装，并使用Python 3系列进行讲解。关于安装方法，在附录A中进行了详细介绍。

在Linux系统或macOS系统中安装了Python之后，如果需要对Python的版本进行确认，可以使用xterm、iterm或macOS标准的终端等CUI应用程序，输入“python--version”命令，并按Enter键执行命令。开头的“$”符号是不需要输入的。

执行结果　**版本的确认（Linux系统或mac OS系统）**

```
$ python --version
Python 3.7.3      ←命令的执行结果
```

在Windows系统中使用命令提示符（Anaconda Prompt）或PowerShell（Anaconda PowerShell Prompt）执行代码时，需要在“C:\>”的后面输入下面的代码，并按Enter键执行代码。

执行结果　**版本的确认（Windows系统）**

```
C:\>python --version
Python 3.7.3      ←命令的执行结果
```

虽然安装的版本不同，显示的信息也会有所不同，但是只要显示如上所示的Python x.x.x，就表示成功地完成了安装（这里安装的版本为3.7.3）。但是，如果需要在已经安装了Python 2系列版本的环境中执行Python 3系列，就需要像“python3--version”这样，指定Python 3而不是指定python。

如果实际上已经安装了Python，却无法显示上面的版本信息时，可以重新启动计算机，确认在环境变量的PATH中是否指定了Python执行文件的所在位置等信息，并对相关设置进行确认（如果是使用Anaconda进行安装，从操作系统的“开始”菜单中选择Anaconda Prompt，就不需要对PATH进行指定）。

在之后的内容中，我们将使用Anaconda Prompt执行命令并进行讲解。

1.2.3 在对话模式中使用Python

在Python中，有一种名为对话模式的执行方法，可以对输入的源代码进行实时处理并将执行结果显示在画面当中。要进入对话模式，只需要在命令行输入python并执行代码即可。之后会在下一行的开头显示“>>>”这样的字符，可以在其后面输入需要执行的代码。

使用对话模式可以非常简单地进行如下所示的计算。

执行结果　**对话模式中进行(1+2×3)的计算**

```
C:\>python
>>> 1 + 2 * 3
7
>>>
```

如果需要实现多行代码的处理，可以在源代码的中间进行换行(按Enter键)，那么在下一行的开头会显示出“...”这样的字符。出现这种字符就表示接续上一行的意思。如果需要结束这一行的输入，在“...”的后面不输入任何代码直接按Enter键即可。

可以输入exit()或者quit()结束Python的对话模式。

执行结果　**中途换行**

```
>>> exit()
C:\>python
>>> if True:
...     1 + 2 * 3
...
7
>>>
```

在开头处添加4个字符的空白(空格)

在本书中出现的源代码当中，开头处以“>>>”或“...”开始的代码，就表示是使用对话模式执行代码。请务必启动对话模式，一边输入代码一边对代码的执行结果进行确认。

此外，在Python中，缩进是具有重要的意义的，我们会在1.6.1小节中进行讲解。在这里，我们是在开头处添加了4个字符的空白(空格)，有些人会添加2个字符的空白或插入制表符。如果代码不能顺利执行，请确认是否忘记添加空格，或者是否使用的不是半角空格。

如果是在Anaconda中，可以不使用命令行，直接使用系统附带的IDE(集成开发环境)Spyder也是可行的。启动Spyder[注1]，就会显示出如图1.5所示的画面。我们可以尝试在这个画面中右下的控制台部分输入源代码。

注1　在Windows的“开始”菜单中的Anaconda中选择Spyder (Anaconda)。

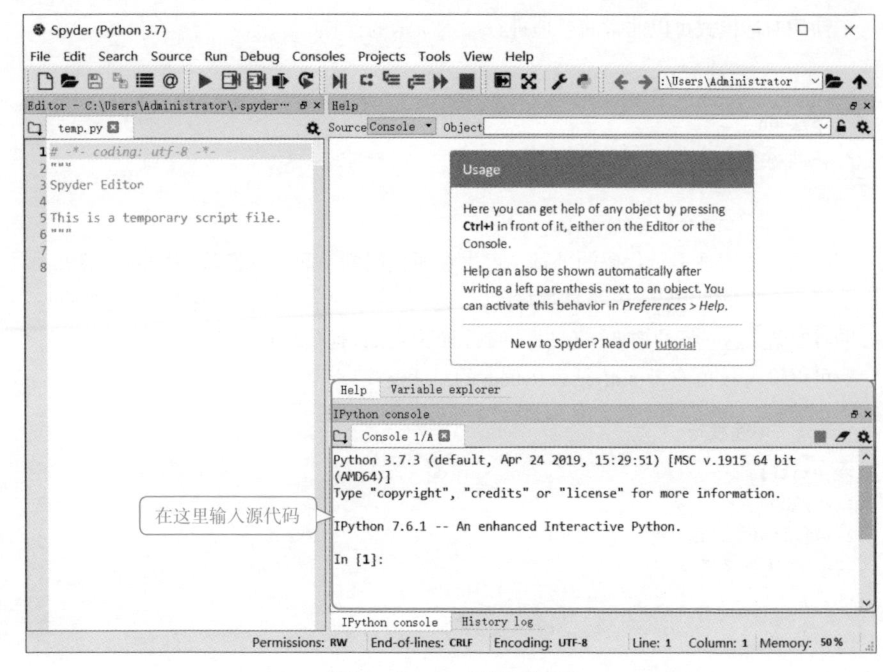

图1.5　Spyder启动后的画面

1.2.4　保存为脚本文件

在对话模式中，如果需要再次执行之前已经执行过一次的处理，在每一次操作时都需要重新输入源代码。因此，为了简化这一操作，包括Python在内的很多编程语言都采用了将代码保存到文件中后再执行的方法。将代码编写并保存到脚本文件后，当需要多次执行同样的处理时就不需要每次都重新输入源代码了。

Python的脚本文件需要添加“.py”的扩展名进行保存。对于文件的创建和保存，如果是在Windows系统中，使用记事本程序也是可以的，当然也可以使用图1.5所示的Spyder左侧的编辑器进行操作。还可以尝试使用1.2.6小节中介绍的文本编辑器。

执行代码时，需要指定保存脚本文件的文件名。例如，假设我们创建了如程序清单1.1所示的代码，为其添加fibonacci.py的名称，并保存到文件中。

在程序清单1.1中显示的是不断循环地重复输出前两个输入数字的和，对被称为斐波那契数列的数字序列进行输出。详细的内容会在第2章中进行讲解，在这里只需要知道这是执行文件中所保存的代码的方法即可。

程序清单1.1　fibonacci.py

```
def fibonacci(n):
    if n == 0:
        return 1
    elif n == 1:
        return 1
    else:
        return fibonacci(n - 1) + fibonacci(n - 2)

for i in range(8):
    print(fibonacci(i))
```

如果上述文件是保存在“C:\source”中，可以进入到这个目录中，在输入python的命令名后继续指定脚本文件名并执行，即可得到所执行的结果[注1]。

执行结果　执行fibonacci.py（程序清单1.1）

```
C:\>cd source                     ←移动到C:\source
C:\source>python fibonacci.py     ←执行fibonacci.py
1
1
2
3
5
8
13
21
C:\>
```

1.2.5　关于字符编码的注意事项

当需要在Python的源代码中使用日语时，需要注意保存文件时所使用的字符编码。如果是Python 3系列，字符编码可以使用UTF-8。在编辑器中可以指定使用UTF-8为字符编码并对代码文件进行保存。

此外，如果必须需要使用Python 2系列时，那么不仅需要指定UTF-8为字符编码并对其进行保存，同时一定要在源代码的开头处输入下面的内容，否则就会发生意想不到的错误。

```
# -*- coding:utf-8 -*-
```

注1　如果是Anaconda，也可以从Spyder的菜单中选择“执行”命令来执行。

或者

```
# coding:utf-8
```

如果使用的是Python 3系列，则不需要进行上述指定。

1.2.6 注释

实际上在上述指定字符编码的过程中，我们已经使用过了注释。在行首输入“#”，该行的“#”之后的部分都会作为注释处理，在执行Python代码时会被忽略掉。添加注释的话，编写代码的人的意图就可以简单地传达给阅读代码的人，这样会使程序更易于调试和维护。

我们不仅可以在一行的开头添加注释，也可以在一行的中间加入注释，当存在暂时不需要执行的代码时，也可以简单地将其注释（程序清单1.2）。

程序清单1.2　**注释的运用（仅执行tax_rate = 0.1）**

在开头输入#，就表示这一整行都是注释

```
# 计算消费税
# tax_rate = 0.08 # 消费税为8%，因此税率设置为0.08
tax_rate = 0.1 # 消费税为10%，因此税率设置为0.1
```

在一行的中间加入#，就表示其后输入的内容为注释

接下来，将对使用Python编写源代码的具体方法进行讲解。

使用文本编辑器

我们在编写代码时，虽然可以使用记事本程序，但是如果需要编写相当规模的程序时，使用文本编辑器会更为方便。最为常用的文本编辑器包括Emacs和vi（Vim）等，而最近Visual Studio Code 和Atom之类的编辑器具有非常高的人气（图1.6）。

```
def fibonacci(n):
    if n == 0:
        return 1
    elif n == 1:
        return 1
    else:
        return fibonacci(n - 1) + fibonacci(n - 2)

for i in range(8):
    print(fibonacci(i))
```

图1.6　Visual Studio Code

这些编辑器提供了非常方便的快捷键和输入支持功能，并且还可以为代码添加颜色，提高开发效率。

此外，这些编程器可以以文件夹为单位对多个文件进行管理，还可以使用选项卡进行切换。因此，它不仅广泛地应用于编程，还可以用于撰写文章，以及其他各种各样的业务应用。

1.3 四则运算与优先级

√ 虽然在Python中可以编写数学中的四则运算程序，但是在进行除法和小数运算时需要小心。

√ Python中也提供了对复数计算的支持。

√ Python中不仅提供了用于表示数值的数据类型，还提供了字符串、列表、集合以及字典等常用数据类型。

1.3.1 Python的基本数学计算

普通的四则运算可以使用常用的数学符号来实现。计算的优先级和普通的数学计算是一样的，乘法和除法运算的优先级高于加法和减法运算。只不过在Python中乘法运算使用的符号是“*”。

其中，在进行除法运算时需要小心，在Python 3中可以使用“//”和“/”这两种符号进行除法运算。“//”表示的是以整数的形式返回除法的商；而“/”表示的是以小数的形式返回除法的商。

执行结果　**四则运算的示例**

```
C:\>python
>>> +3              ←正的一元运算
3
>>> -3              ←负的一元运算
-3
>>> 2 + 3
5
>>> 5 - 2
3
>>> 3 * 4
12
>>> 13 // 2         ←以整数形式返回13除以2的商
6
>>> 13 / 2          ←以小数形式返回13除以2的商
6.5
>>>
```

此外，除法的余数使用“%”进行计算，幂运算则使用“**”进行计算。从下面的示例中可以看出，计算 $11 \div 3$ 的余数是2，计算 2^3 的结果是8。

执行结果　**余数与幂运算**

```
C:\>python
>>> 11 % 3          ←11除以3的余数
2
>>> 2 ** 3          ←2的3次方
8
>>>
```

当需要改变计算的优先级时，可以使用与数学中相同的语法用括号进行指定。此外，当包含多个需要优先进行计算的运算时也都需要使用“(”和“)”括起来。

执行结果　**改变运算的优先级**

```
C:\>python
>>> (2 + 3) * 4
20
>>> (2 + 3) * (1 + 2)
15
>>>
```

1.3.2　小数的计算

既然我们将Computer翻译成计算机，那么顾名思义，说明计算机是一种擅长计算的机器。它不仅可以进行上述的整数运算，还可以对小数进行计算。此外，由于计算机是以二进制的形式对数据进行处理的，因此理解其数值精度是非常重要的。

如果是整数，当将十进制的值转换成二进制，再从二进制还原成十进制时，返回的值与原始值是完全相等的。然而，如果是小数，由于转换后可能会变成循环小数，又因为计算机可以处理的位数是有上限的，因此会进行舍入操作，那么在将二进制的值再次还原成十进制时，可能会出现返回的值与原始值不相等的问题。

例如，将十进制的0.5转换成二进制后会变成0.1。在这种情况下，当二进制的0.1再返回十进制时，可以得到与原始值相同的0.5。但是，如果将十进制的0.1转换成二进制，它就会变成0.0001100110011…这样的循环小数。而循环小数是无限持续的，计算机会在允许处理的位数上进行舍入操作，因此返回十进制的值与原始值是不相等的。因此，如果对小数进行乘法计算，根据所处理的值不同可能会得到如下所示的结果。

执行结果　**小数的乘法**

```
C:\>python
>>> 2.5 * 1.2
```

```
3.0
>>> 2.3 * 3.4
7.819999999999999
>>>
```

此外，如果对整数和小数这样不同类型的数据进行混合计算，程序会自动将其转换成限制较少的类型。例如，将整数与小数进行计算时，计算的结果就会变成小数。

执行结果　**不同形式的运算（整数与小数的计算示例）**

```
C:\>python
>>> 3 + 1.0        ←整数与小数的加法运算
4.0
>>> 2.0 + 3        ←小数与整数的加法运算
5.0
>>> 2 * 3.0        ←整数与小数的乘法运算
6.0
>>> 3.0 * 4        ←小数与整数的乘法运算
12.0
>>>
```

Memo 复数的计算

Python具有可以轻松处理复数的特点。在数学中对复数进行计算时，会采用类似3 + 4i这样的形式，虚部会使用i来表示，而在Python中则是使用j表示虚部。

执行结果　**复数运算**

```
C:\>python
>>> 1.2 + 3.4j
(1.2+3.4j)
>>> (1.2 + 3.4j) * 2
(2.4+6.8j)
>>> 1.2 + 3.4j + 2.3 + 4.5j
(3.5+7.9j)
>>> (1 + 2j) * (1 - 2j)
(5+0j)
>>>
```

1.3.3 数据类型的确认

大多数编程语言在处理整数、小数以及复数等数据时，会在内部使用名为类型（数据类型）的种类对这些数据进行分类。在Python 中也同样提供了如表 1.3所列的数据类型。对于表中的每一种数据类型都按顺序进行了说明。

表 1.3　Python 数据类型示例

分　类	数据类型	内　容	示　例
数值类型	int	整数	3
	float	小数	3.5
	complex	复数	2+3j
序列类型	list	列表	[1, 2, 3]
	tuple	元组	(1, 2, 3)
	range	范围	range(10)
逻辑类型	bool	真假	True, False
文本序列类型	str	字符串	'abc'
字节序列类型	byte	ASCII 字符串	b'abc'
集合类型	set	集合	{'one', 'two'}
字典类型	dict	字典（关联数组）	{'one': 1, 'two': 2, 'three': 3}
类	class	类	Math

若要对数值的数据类型进行查看，需要在type后面指定需要查看的值。

执行结果　**查看数据类型**

```
C:\>python
>>> type(3)
<class 'int'>          ←3为整数，因此是int类型
>>> type(3.5)
<class 'float'>        ←3.5为小数，因此是float类型
>>> type(2 + 3j)
<class 'complex'>      ←2+3j为复数，因此是complex类型
>>> type('abc')
<class 'str'>          ←'abc'为字符串，因此是str类型
>>>
```

1.4 变量的代入、列表、元组

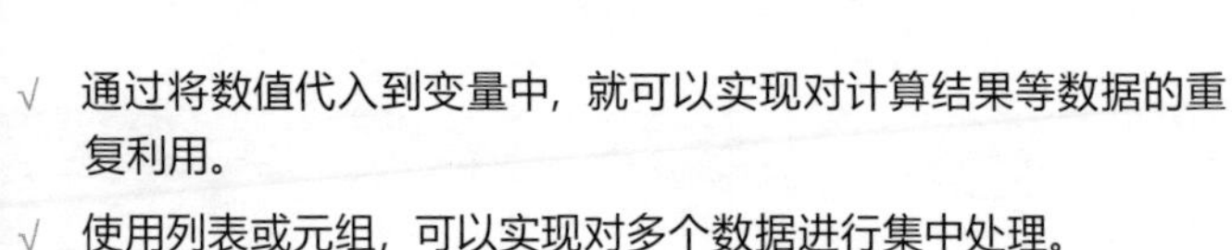

√ 通过将数值代入到变量中，就可以实现对计算结果等数据的重复利用。

√ 使用列表或元组，可以实现对多个数据进行集中处理。

1.4.1 变量

当我们需要将使用过的数值临时进行保存时，可以使用变量。变量就像一个可以保存数值的容器，如果将计算结果等数据保存到变量中，那么在需要时就可以再次从变量中得到保存的数值。变量可以使用字母、数字以及下划线（Underscore）等字符进行命名（变量名）。

作为一个合法的变量名，第1个字符必须使用字母或者下划线“_”，从第2个字符开始就可以使用任意的字母、数字和下划线。此外，变量名的长度是没有限制的，而且是大小写敏感的。

不过，Python中所提供的保留字（if和for、return等）是禁止用于变量的命名中的。此外，以下划线开头的名称是具有特殊含义的，除了必要的情况应当尽量避免使用。关于这部分内容会在稍后进行讲解。

例如，在表1.4中列举了一些合法变量名和非法变量名。

表1.4 Python中的合法变量名与非法变量名示例

合法变量名示例	非法变量名示例
X	if
variable	for
tax_rate	8percent
Python3	10times

为了确保任何人编写的代码都具有可读性且易于维护，人们有时会制定编程规范（代码风格指南）作为组织或产品中统一的规范。在Python中，最为著名的编程规范是PEP-8[注1]。

注1 https://www.python.org/dev/peps/pep-0008/。

PEP-8编程规范中规定只允许使用小写字母作为变量名，当变量名由多个单词组成时，单词之间需要使用“_”隔开。然而，单独使用下划线作为变量名是具有特殊含义的，表示该变量不会用于后续的处理，因此可以无视。

1.4.2 代入

通过在变量名的后面添加“=”并指定数值就可以将这一数值保存到变量中。将这一操作称为“代入”，使用代入操作可以进行如下所示的处理。

执行结果　**代入的示例**

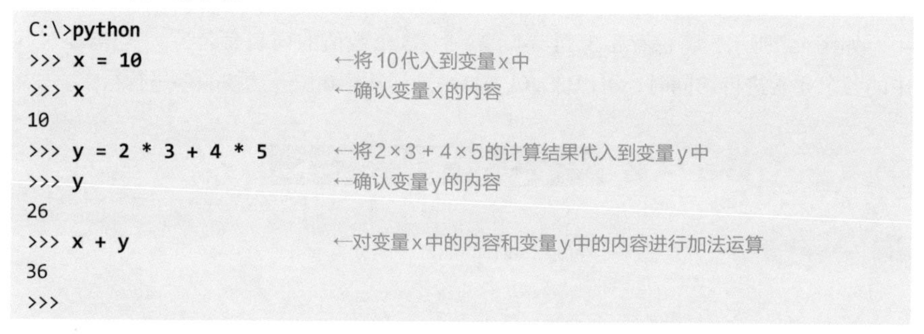

```
C:\>python
>>> x = 10                ←将10代入到变量x中
>>> x                     ←确认变量x的内容
10
>>> y = 2 * 3 + 4 * 5     ←将2×3＋4×5的计算结果代入到变量y中
>>> y                     ←确认变量y的内容
26
>>> x + y                 ←对变量x中的内容和变量y中的内容进行加法运算
36
>>>
```

将数值代入到变量后，就可以通过指定该变量名的方式读取保存在变量中的内容。在对话模式中，只要指定变量名就可以对保存在该变量中的数值进行显示。

在Python中将数值代入到变量时，不需要事先对变量的类型进行指定，程序会根据所代入的数值自动对变量的大小等信息进行计算和处理。

此外，我们也可以将运算与代入结合在一起使用，可以对运算的结果进行代入操作。例如，将四则运算的符号（运算符）与“=”并列在一起使用的话，可以得到如下所示的结果。

执行结果　**结合代入进行运算**

```
C:\>python
>>> a = 3
>>> a += 2          ←和a = a + 2相同
>>> a
5
>>> a -= 1          ←和a = a - 1相同
>>> a
4
>>> a *= 3          ←和a = a * 3相同
>>> a
12
>>> a //= 2         ←和a = a // 2相同
>>> a
```

```
6
>>> a **= 2                    ←和a = a ** 2相同
>>> a
36
>>>
```

1.4.3 列表

Python不仅可以对单一的数值进行处理，还可以对多个数值进行集中处理。要实现这一操作，其中一种方法就是使用列表（图1.7）。列表中包含的一个个数据称为元素，对于特定的元素，我们可以通过指定相对于列表开头位置的形式对其进行访问。

如图1.7所示，将保存了3、1、4、2、5这5个数值的列表命名为a。当需要对其中的各个元素进行访问时，可以像a[0], a[1]…这样从第0位开始按顺序进行指定。

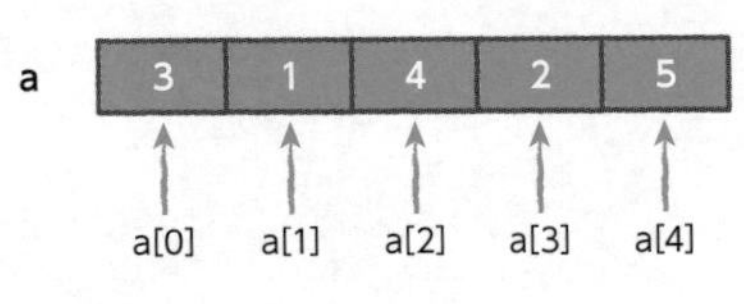

图1.7　列表的数据结构

需要注意的是，由于最开头的元素的编号是0，因此使用a[3]，访问的就是列表中的第4个元素。也就是说，我们应当将需要访问的元素的编号减去1后的数值进行指定。此外，如果将负数值作为元素的编号进行指定，则可以从列表结尾处的元素开始进行反向访问。例如，指定–1作为元素的编号，就可以访问列表中的最后一个元素，指定–2则是访问倒数第二位的元素。

此外，允许保存到列表中的数据类型是没有限制的，因此我们可以将任意类型的元素保存到同一个列表中[注1]。

执行结果　**创建列表和获取元素**

```
C:\>python
>>> a = [3, 1, 4, 2, 5]              ←创建列表，将其代入到变量a中
>>> a[0]                             ←获取列表开头的元素
3
>>> a[3]                             ←获取列表中第4位的元素
2
>>> a[-1]                            ←获取列表中最后一位的元素
5
```

注1　Python中也提供了只允许保存同一类型的元素的数组结构（标准库中的array模块），由于这个模块并不常用，因此这里不作赘述。

```
>>> b = [1, 2.0, 3 + 4j , 'abc', [-1, 1]]      ←创建由不同类型的元素组成的列表，
>>> b                                             并将其代入到变量b中
[1, 2.0, (3+4j), 'abc', [-1, 1]]
>>>
```

在编号之间使用“:”隔开并对列表的范围进行指定，就可以一次性获取连续的元素（需要注意的是，“:”后面的编号所对应的元素是不包含在范围内的）。例如，指定1:3范围的元素编号，就是对第2位到第3位的元素进行访问。

执行结果　**从列表中获取连续的元素**

```
C:\>python
>>> a = [3, 1, 4, 2, 5]        ←创建列表，并将其代入到变量a中
>>> a[1:3]                     ←获取第2位到第3位的元素
[1, 4]
>>> a[2:]                      ←获取第3位以及之后的元素
[4, 2, 5]
>>> a[:3]                      ←获取到第3位为止的元素
[3, 1, 4]
>>> a[:-3]                     ←获取从末尾开始第3位为止的元素
[3, 1]
>>>
```

1.4.4 元组

我们还可以使用与列表拥有类似结构的元组数据类型。定义列表是使用“[”和“]”将元素括起来，而定义元组则是使用“(”和“)”将元素括起来。

执行结果　**列表和元组**

```
C:\>python
>>> list_data = [1, 2, 3, 4, 5]        ←列表
>>> tuple_data = (1, 2, 3, 4, 5)       ←元组
>>> type(list_data)
<class 'list'>
>>> type(tuple_data)
<class 'tuple'>
>>>
```

虽然列表与元组看起来很相似，但是它们之间存在着微妙的差别。例如，我们可以在列表中添加元素，而元组一旦创建完成就无法再向其中添加新的元素。当然也无法删除元组中现有的元素，而且也无法修改元组中的元素。如果试图对元组中的元素进行修改，就会发生如下所示的错误。

执行结果　**列表可修改，元组不可修改**

```
C:\>python
>>> list_data = [1, 2, 3, 4, 5]
>>> list_data[2] = 10                  ←列表可以进行更新操作
>>> list_data
[1, 2, 10, 4, 5]
>>> tuple_data = (1, 2, 3, 4, 5)
>>> tuple_data[2] = 10                 ←元组会发生错误
Traceback (most recent call last):
  File "<stdin>", line 1, in <module>
TypeError: 'tuple' object does not support item assignment
>>>
```

使用元组处理数据不仅速度比列表更快，而且无须担心数据会被意外修改。因此在实际的开发中可以根据具体的需求对二者进行选择。此外，本书中的代码都是使用列表编写的。

1.5 字符与字符串

√ 在Python中对字符和字符串的处理是相同的。

√ 可以像使用列表那样对字符串进行指定，将其中的一部分单独提取出来。

√ 可以将多个字符串连接在一起创建成新的字符串。

1.5.1 字符与字符串的操作

根据程序内容的不同，我们不仅需要对1.4节中所讲解的数值进行处理，还需要对字符或字符串（并列在一起的字符）进行处理。在Python中，使用单引号或双引号括起来的部分会作为字符或字符串进行处理（虽然有些编程语言会将字符和字符串进行区分，但Python语言是将它们当作同样的东西进行处理的）。

对字符串的范围进行指定，就可以像列表那样将其中的一部分内容单独提取出来。

执行结果 **提取字符串**

```
C:\>python
>>> 'abcdefg'               ←单引号括起来的字符串
'abcdefg'
>>> "abcdefg"               ←双引号括起来的字符串
'abcdefg'
>>> 'abcdefg'[2]            ←提取第3位的字符
'c'
>>> 'abcdefg'[2:5]          ←提取从第3位到第5位的字符串
'cde'
>>> 'abcdefg'[-3]           ←提取从末尾开始的第3位字符
'e'
>>> 'abcdefg'[2:]           ←提取从第3位开始往后的字符串
'cdefg'
>>> 'abcdefg'[:5]           ←提取从开头到第5位的字符串
'abcde'
>>>
```

1.5.2 字符串的连接

另外，通过进行"+"运算，可以将多个字符串连接在一起创建出一个新的字符串。

执行结果 **字符串的连接**

```
C:\>python
>>> "abc" + "def"
'abcdef'
>>> 'abc' + 'def'
'abcdef'
>>>
```

此外，如果将字符串与数值等不同类型的数据直接进行"+"运算，将会发生如下所示的错误。

执行结果 **对不同类型的数据直接进行"+"运算**

```
C:\>python
>>> 'abc' + 123          ←字符串和数值直接进行加法运算
Traceback (most recent call last):
  File "<stdin>", line 1, in <module>
TypeError: must be str, not int
>>> 123 + 'abc'          ←数值和字符串直接进行加法运算
Traceback (most recent call last):
  File "<stdin>", line 1, in <module>
TypeError: unsupported operand type(s) for +: 'int' and 'str'
>>>
```

如果需要将字符串和数值连接在一起组成一个新的字符串，则可以通过类型的转换，或者将数值嵌入到字符串等方式来实现。

执行结果 **对不同类型的数据进行"+"运算**

```
C:\>python
>>> 'abc' + str(123)          ←字符串和数值的加法运算
'abc123'
>>> str(123) + 'abc'          ←数值和字符串的加法运算
'123abc'
>>> 'abc%i' % 123             ←在字符串中嵌入数值
'abc123'
>>>
```

1.6 条件语句与循环语句

√ 根据是否满足条件进行分支处理时，可以使用if 语句。

√ 对相同的处理进行循环处理时，可以使用for 语句或while 语句。

√ 使用缩进 (Indent) 可以对代码块的范围进行指定。

1.6.1 条件语句

不仅是Python语言，大部分编程语言都是按照自上而下的顺序对源代码进行读取并执行处理的。然而，有时我们需要对满足某种条件的情况进行单独处理。

在这种情况下，可以在if后面指定条件，并在条件的后面继续输入当满足条件时才会被执行的处理。如果需要指定不满足某种条件时才会执行的处理，可以使用else，并从其下一行开始输入需要执行的处理。通过对这些条件进行指定，就可以只执行其中的一种处理。此外，需要在条件的最后添加“:”。

```
if 条件式:
    满足条件时需要执行的处理
else:
    不满足条件时需要执行的处理
```

从下面的结果中可以看出，在变量a中代入了3，由于满足a == 3这一条件，因此输出的是“a is 3”的执行结果。此外，else中指定的代码块是不会被执行的。然而需要注意的是，这里有两个连续的“=”。一个“=”表示代入，而确认是否相等时需要使用两个“=”。

执行结果　**使用if和else的条件分支**

```
C:\>python
>>> a = 3
>>> if a == 3: 'a is 3'          ←满足a == 3时的处理
... else: 'a is not 3'           ←不满足a == 3时的处理
...
```

```
a is 3
>>>
```

然而，通常我们是不会按照上述的方式编写代码的。由于在分支的范围内可能会有多个需要执行的处理，因此大多数编程语言会在条件的后面使用“{}”等符号明确需要分支的范围（代码块）。

在Python中不是使用这类符号，而是使用“缩进（Indent）”来对代码块的范围进行指定。也就是说，在条件分支中指定多个处理时，缩进的部分就是该处理的代码块。

缩进可以使用制表符和空格（空白字符）这两种方式来表示，在Python中通常是使用下面这样的四个空格。

执行结果　**使用缩进的条件分支**

```
C:\>python
>>> a = 3
>>> if a == 3:
...     'a is 3'        添加四个空格
... else:
...     'a is not 3'
...
a is 3
>>>
```

下面在表1.5中列举了可以作为if的条件进行指定的比较运算符。

表1.5　Python中可用的比较运算符

比较运算符	含　义
a == b	a与b相等（值相同）
a != b	a与b不等（值不相同）
a < b	a小于b
a > b	a大于b
a <= b	a小于等于b
a >= b	a大于等于b
a <> b	a与b不相等（值不相同）
a is b	a与b相等（对象[注1]相同）
a is not b	a与b不等（对象不同）
a in b	元素a包含在列表b中
a not in b	元素a不包含在列表b中

注1　我们在1.8.4小节进行了简单的讲解，如果需要了解详细的内容，请参考相关专业书籍。

当需要对多个条件进行指定时，可以使用逻辑运算符。逻辑运算符是用于对True（真）和False（假）这两个值进行运算的运算符，在表1.6中列举了在Python中可以使用的逻辑运算符。

表1.6　Python中可用的逻辑运算符

逻辑运算符	含　义
a and b	当a和b都为True时就是True，其他情况为False
a or b	当a和b中任意一方为True时就是True，双方都为False时就是False
not a	当a为False时就是True，a为True时就是False

当我们使用逻辑运算符，对是否满足大于等于10且小于20的范围进行确认时，可以使用如下的方式进行指定。

执行结果　**逻辑运算符的运用**

```
C:\>python
>>> a = 15
>>> if (a >= 10) and (a < 20):    ←对是否满足大于等于10且小于20的范围进行确认
...     '10 <= a < 20'
... else:
...     'a < 10 or 20 <= a'
...
10 <= a < 20
>>>
```

此外，运算符是有优先级的。按照表1.7所列的从上往下的优先级进行处理。正如我们在1.3.1小节中讲解过的，乘法运算比加法运算的优先级更高。而由于比较运算符也比逻辑运算符的优先级更高，因此上述源代码还可以以下面这样的形式进行简化。

执行结果　**利用运算符的优先级修改逻辑运算符的运用**

```
C:\>python
>>> a = 15
>>> if a >= 10 and a < 20:        ←去掉条件表达式中的括号
...     '10 <= a < 20'
... else:
...     'a < 10 or 20 <= a'
...
10 <= a < 20
>>>
```

表1.7 Python 中运算符的优先级

优先级	运算符	内容
高	**	幂运算
↑	*、/、//、%	乘法、除法、求余
	+、-	加法、减法
	<、<=、==、!=、>、>= 等	比较运算符
	not	逻辑 NOT
↓	and	逻辑 AND
低	or	逻辑 OR

不过，为了便于阅读，我们在编写程序时经常会使用括号将表达式括起来。此外，如果需要对范围进行指定，在Python 中，还可以使用 “if 10 <= a < 20:” 这样的形式编写代码。

1.6.2 很长一行代码的编写方法

当我们需要使用复杂的条件表达式时，有时会出现一行代码所使用的字符数量过多的情况。这种情况下，要向右滚动画面是比较麻烦的，虽然我们也可以使用在界面右端对代码进行自动换行显示的编辑器，但是在Python 中，可以在很长一行代码的中间插入换行符，将一行代码分成多行进行编写。

使用反斜杠 “\” 可以实现这一操作。在一行的末尾添加反斜杠，程序就会忽略掉后面的换行操作，会将其判断为同一行代码的持续（程序清单1.3）。

程序清单1.3　long_sentence.py

```
long_name_variable = 1
if (long_name_variable == 1111111111) \
or (long_name_variable == 2222222222) \
or (long_name_variable == 3333333333):
    print('long value')
```

此外，对于类似URL 那样很长的字符串，我们可以在字符串之间添加空格进行连接。另外，将空格和反斜杠结合在一起使用，即使是多行代码也可以作为一个字符串进行处理。例如，程序清单1.4中显示的三种方式表示都是同一个URL。

程序清单1.4　url.py

```
url1 = 'https://masuipeo.com/book/4798160016.html'
url2 = 'https://masuipeo.com' '/book/4798160016.html'
```

```
url3 = 'https://masuipeo.com' \
       '/book/4798160016.html'
```

然而，像列表或元组那样使用括号的情况，即使是编写的多行代码，程序也会自动判断行是连续的。因此，当单个的元素较长时，我们通常会采用一个元素占一行的方式编写代码，如程序清单1.5所示。

程序清单1.5　url_list.py

```
url_list = [
    'https://masuipeo.com/',
    'https://www.shoeisha.co.jp',
    'https://seshop.com'
]
```

1.6.3　循环语句

当需要对同一操作进行循环处理时，可以使用for语句。在按照指定次数进行循环处理时使用for语句是非常方便的。指定循环的次数时，可以在range的后面输入循环的次数。

像range一样，我们将指定某个数值并接收结果的方法称为函数[注1]。此外，在如下所示的执行结果中指定了range(3)，其中3这个数值就称为函数的参数。而接下来的一行中使用的是名为print的函数。这个函数负责将指定的参数显示到标准输出（屏幕）的函数上。

执行结果　**使用for语句的循环处理**

```
C:\>python
>>> for i in range(3):        ←循环三次，并将数据按顺序保存到变量i中
...     print(i)              ←输出变量i中的内容
...
0
1
2
>>>
```

使用range函数，我们可以通过在参数中对下限和上限进行指定来对范围进行限制。这种情况下，所指定的下限值会包含在条件范围内，而上限值则不包含在内，使用

注1　关于函数的相关知识，我们将在1.8节中进行讲解。

时需要注意。

执行结果　**使用range函数指定循环的范围**

```
C:\>python
>>> for i in range(4, 7):
...     print(i)
...
4
5
6
>>>
```

此外，在for语句的条件中指定列表，就可以对该列表中的元素依次进行访问。如果需要对保存在列表中的元素按元素所处的位置顺序进行处理时，在enumerate函数的参数中指定列表是较为常用的方法。

执行结果　**在for的条件中指定列表**

```
C:\>python
>>> for i in [5, 3, 7]:        ←指定列表
...     print(i)
...
5
3
7
>>> for i, e in enumerate([5, 3, 7]):   ←只对列表中元素的数量进行循环，并将位置信息
                                          保存到变量i中，将元素的值依次保存到变量e中
...     print(i, ' : ', e)←输出变量i与变
...                         量e中的内容
0  :  5
1  :  3
2  :  7
>>>
```

虽然使用for语句可以对循环次数和元素进行指定，但是有时我们是无法事先知道循环的次数和元素是什么的。如果知道循环的条件，可以不使用for语句，而是使用while语句代替。while语句的后面可以像if语句那样对条件进行指定。如果满足while后面所指定的条件，那么紧跟其后的代码块就会被执行。

```
while 条件:
    只有在满足条件时才执行处理
```

执行结果　**使用while语句循环**

```
C:\>python
>>> i = 0
>>> while i < 4:          ←只有当i小于4时才会循环下面的处理
...     print(i)
...     i += 1            ←每循环一次，就增加一个i的值
...
0
1
2
3
>>>
```

这种实现循环（loop）的思路，在其他编程语言中也大致相同，而对于代码块的指定也与使用if语句进行条件分支时一样，都是通过缩进的方式来指定的。

1.7 列表的闭包语法

√ 使用列表闭包语法可以非常简单地实现列表对象的生成和操作。

√ 使用列表闭包语法可以提高处理的速度。

1.7.1 列表的生成

使用循环语句可以连续地为列表添加元素。而要为列表添加元素，则可以使用append函数，并多次重复执行此项操作。

执行结果　**使用循环语句为列表添加元素**

```
C:\>python
>>> data = []                  ←生成空的列表
>>> for i in range(10):        ←为列表添加元素
...     data.append(i)
...
>>> data
[0, 1, 2, 3, 4, 5, 6, 7, 8, 9]
>>>
```

此外，在Python中可以使用称为列表闭包的特殊语法编程，与上面相同的处理可以通过如下所示的方式实现。

执行结果　**使用列表闭包语法实现“使用循环语句为列表添加元素”**

```
C:\>python
>>> data = [i for i in range(10)]      ←生成从0到9之间的10个元素
>>> data
[0, 1, 2, 3, 4, 5, 6, 7, 8, 9]
>>>
```

列表闭包语法与数学中表示集合的方法类似。例如，在数学中是用下面这样的方式来表示的，是不是感觉它与上述源代码的表现方式有些类似呢？

$$\{x|x \text{ 是小于10的自然数}\}$$

1.7.2 指定条件的列表生成

当我们需要对条件进行指定并使用满足该条件的项目生成列表时，可以使用如下所示的语句来实现。采用这样的方式编写代码，可以将0 ~9 的偶数单独提取出来并生成列表。

执行结果 **使用列表闭包语法提取满足条件的项目生成列表**

```
C:\>python
>>> data = [i for i in range(10) if i % 2 == 0]
>>> data
[0, 2, 4, 6, 8]
>>>
```

生成从0到9的数

当可以被2整除时（偶数）

Python 与 Ruby 等编程语言不同，它无法将 if 写在代码的后面，但是如果使用列表闭包语法，就可以像上述代码中那样在代码的后面指定条件语句。

而且，使用列表闭包语法比使用循环语句进行处理的速度更快，这一点在业内是众所周知的，因此建议大家能尽快习惯这种语法。

列表闭包语法中的if...else

使用列表闭包语法对if...else 这样不满足条件的情况进行处理时，其语法是稍微有所不同的。例如，当我们不仅需要提取偶数，还需要使用0 对奇数进行填充时，需要将条件语句写在前面。

执行结果 **使用列表闭包语法对不满足条件的情况进行的处理**

```
C:\>python
>>> data = [i if i % 2 == 0 else 0 for i in range(10)]
>>> data
[0, 0, 2, 0, 4, 0, 6, 0, 8, 0]
>>>
```

1.8 函数与类

√ 通过创建函数可以有效地减少需要重复编写的代码。

√ 在Python 中函数的参数通常都是使用引用传递的方式进行处理。

√ 在编程时需要注意变量的有效范围。

1.8.1 函数的创建

对于需要多次重复执行的处理，虽然也可以采用执行多少次就编写多少次同样的代码的方式来实现，但是如果使用自定义函数，只需要重复调用这一函数就可以实现多次相同的处理。在调用函数时，我们还可以为相同的处理设置不同的参数。函数的参数是在函数名的后面使用括号来表示的。

此外，当需要对处理的实现方式进行修改时，只需要在实现该处理的函数内部修改代码即可，这样就可以有效地减少代码中需要修改的位置。

```
def 函数名(参数):
    执行的处理
    return 返回值
```

对函数进行定义时，可以使用def关键字。当需要对值进行返回时，可以在return关键字后面进行指定。如果只需要将结果输出到画面中，或者需要将处理集中到一处时，还可以创建不返回结果的函数或没有参数的函数。此外，将函数需要返回的值称为返回值。

例如，我们可以使用如下所示的方法，创建接收两个参数并返回这两个参数的和的函数。创建后的函数的调用方法与之前的print 等函数相同，只需要在函数名后面的括号内指定参数即可。

执行结果　**生成简单函数的示例**

```
C:\>python
>>> def add(a, b):              ←接收a和b两个参数
```

```
...     return a + b          ←返回a与b的和
...
>>> add(3, 5)                 ←指定参数并执行
8
>>> add(4, 6)                 ←指定参数并执行
10
>>>
```

1.8.2 值传递与引用传递

函数的参数可分为形参和实参两种。在上述代码中定义的add函数中，a和b就属于形参，而3和5、4和6则属于实参。也就是说，函数的声明中使用的参数为形参，而调用函数时传递给函数的参数则是实参。

下面假设实参的值也保存在了变量中，则进行了如下所示的函数调用。

执行结果 **形参与实参**

```
C:\>python
>>> def add(a, b):        形参
...     return a + b
...
>>> x = 3
>>> y = 5
>>> add(x, y)             实参
8
>>>
```

在上述代码中，将实参的值进行复制并传递给形参的调用方式称为值传递（图1.8）。如果读者对其他编程语言有一定了解，可能会认为这是复制x的值传递给形参a，复制y的值传递给形参b。正因为只是复制，因此即使在函数中的参数a的值被改动了，被调用的x的值也是不会发生变化的。

此外，将实参的内存位置（地址）传递给函数的形参的调用方式称为引用传递。保存在变量中的值，实际上是存储在内存空间内所分配的地址中的，如果将这个地址传递给函数，就可以对变量中的内容进行读写操作。这种情况下，函数是对保存在该地址中的数值进行修改，因此，如果函数中的形参a的值被改动了，调用函数时所使用的变量x中的值也会发生变化。

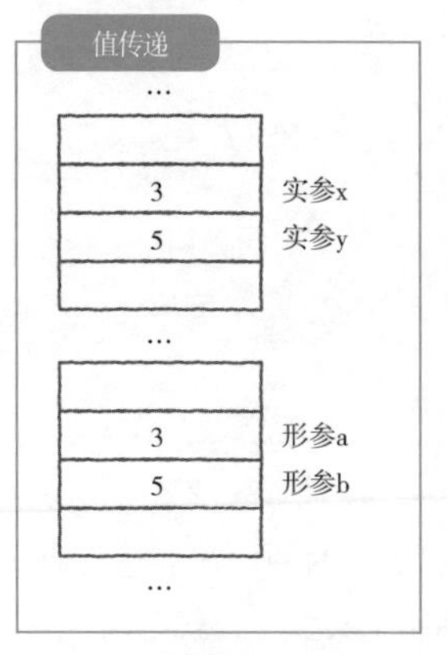

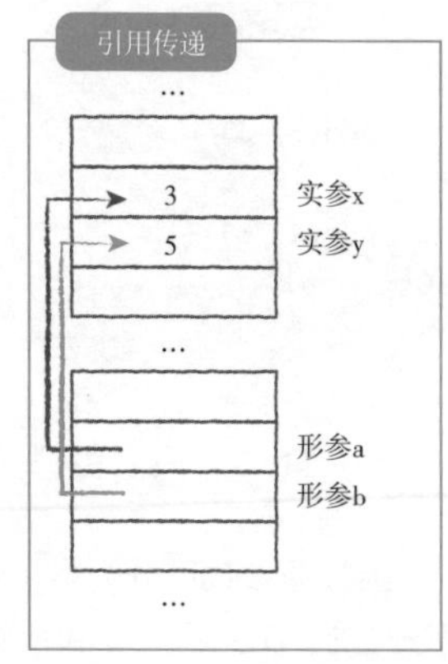

图 1.8　值传递与引用传递

在 Python 中，大多数情况都是使用引用传递进行函数调用的。但是，根据被传递的变量类型的不同，其行为也会有所区别。例如，如果像下列代码中那样，将整数作为参数进行传递并执行函数处理，虽然函数中的形参 a 的值被修改了，但是调用时所使用的 x 的值却没有发生变化。

执行结果　**将整数传递给函数中的参数**

```
C:\>python
>>> def calc(a):
...     a -= 1          ←对形参的值进行修改
...     return a
...
>>> x = 3               ←指定处理前的值
>>> calc(x)             ←对函数进行调用
2
>>> x                   ←x的值并没有发生变化
3
```

相反，如果将列表作为参数传递给函数进行处理，只要形参 a 的值在函数中被改动，那么调用函数时所使用的 x 的值也会跟着发生变化。

执行结果　**将列表传递给函数中的参数**

```
C:\>python
>>> def calc(a):
...     a[0] -= 1       ←对形参的值进行修改
...     return a
...
>>> x = [4, 2, 5]       ←指定处理前的值
>>> calc(x)             ←对函数进行调用
```

```
[3, 2, 5]
>>> x
[3, 2, 5] ———————— x的值发生了变化
```

如上述代码所示，像整数、浮点数、字符串、元组等在函数内部无法被修改的数据类型称为不可变（immutable）数据类型。相反，像列表、字典（dict）、集合（set）等可以在函数内部进行修改的数据类型则称为可变（mutable）数据类型。

由此可见，当编写Python代码时，需要注意调用函数时所传递的参数是不可变数据类型还是可变数据类型。

1.8.3 变量的有效范围

在Python中是不需要事先对变量进行声明的。当我们将值代入到变量中时，该变量的数据类型就已经是确定的，并且程序会在内存中为其分配足够的存储空间。但是，需要注意的是，可以使用这个变量的代码范围（有效范围）是有限的。

在Python中，变量的有效范围如表1.8所列，共包括四种，其中常用的是全局变量和局部变量这两种。

表1.8 Python中变量的有效范围

变量的有效范围	内　容
局部变量	只能在函数内部等局部区域进行访问的变量
闭包变量	位于函数体外部的某个局部变量（在函数内部所定义的函数中所使用的变量）
全局变量	从文件中的任何地方都可以进行访问的变量
内置变量	len或range之类的内置函数，从任何地方都可以进行访问的变量

例如，假设现有如程序清单1.6所示的源代码。这里所使用的变量x属于全局变量，而函数check中使用的变量a则是局部变量。虽然从外观上并没有什么区别，但是它们的作用范围是不同的。

程序清单1.6 scope.py

```
x = 10          ←将值代入到全局变量中

def check():
    a = 30      ←将值代入到局部变量中
    return
```

例如，如程序清单1.7所示对上面的代码进行修改，并尝试输出各个变量中的值。

程序清单1.7　scope1.py

```
x = 10

def check():
    a = 30
    print(x)        ←输出全局变量中的值
    print(a)        ←输出局部变量中的值
    return

check()             ←调用函数check
print(x)            ←输出全局变量中的值
print(a)            ←输出局部变量中的值（发生错误）
```

从上述代码可以看到，由于在第9行对函数check进行了调用，因此这个函数内部的处理会被执行。在函数中将30代入到变量a之后，x和a的值会依次被输出。然而，在函数check的处理执行完毕后，当再对x和a的值进行输出时，会发现x是可以输出的，而由于变量a没有定义，程序会发生错误。

执行结果　执行scope1.py（程序清单1.7）

```
C:\>python scope1.py
10          ←在函数check中对全局变量进行输出
30          ←在函数check中对局部变量进行输出
10          ←函数check执行完毕后再对全局变量进行输出
Traceback (most recent call last):
  File "scope1.py", line 11, in <module>
    print(a)
NameError: name 'a' is not defined
C:\>
```

由于变量x属于全局变量，因此它既可以在函数的内部进行访问，也可以在函数的外部进行访问，而变量a属于局部变量，因此它只能在函数的内部进行访问。此外，像C++等其他编程语言，在if语句或for语句中进行定义的变量，是不能在if语句或for语句的外部进行访问的。而在Python语言中则可以如程序清单1.8所示，顺利地进行访问。

程序清单1.8　scope2.py

```
x = 10

if True:
    a = 30          ←在if语句中将值代入到变量中
```

```
    print(x)
    print(a)

print(x)
print(a)
```

执行结果　**执行 scope2.py(程序清单 1.8)**

```
C:\>python scope2.py
10
30
10
30
C:\>
```

此外，全局变量在函数内部只能进行读取操作。因此，虽然能在函数内部对其值进行获取，但不能在函数内部对其进行修改。例如，如程序清单 1.9 所示的代码在执行时就会发生错误。

程序清单 1.9　scope3.py

```
x = 10

def update():
    x += 30            ←正在更新的变量x为局部变量
    print(x)

update()
print(x)
```

执行结果　**执行 scope3.py(程序清单 1.9)**

```
C:\>python scope3.py
Traceback (most recent call last):
  File "scope3.py", line 7, in <module>
    update()
  File "scope3.py", line 4, in update
    x += 30
UnboundLocalError: local variable 'x' referenced before assignment
C:\>
```

之所以会发生错误，是因为程序认为在程序清单 1.9 中的第 4 行进行更新的变量 x 不是全局变量，而是局部变量。由于 x 是没有被定义的，因此发生了错误。

如果如程序清单1.10所示将值代入到与全局变量相同名称的变量中，在函数内部就会将这个变量作为局部变量进行处理。因为是在函数内部代入的值，所以离开函数的话，被代入的变量就会被销毁。

程序清单1.10　scope4.py

```
x = 10

def reset():
    x = 30          ←虽然x与全局变量使用的是相同的名称，但还是会被当作局部变量进行处理
    print(x)

reset()
print(x)
```

执行结果　执行scope4.py（程序清单1.10）

```
C:\>python scope4.py
30
10
C:\>
```

如果需要在函数内修改全局变量的值，可以如程序清单1.11所示，指定global关键字在函数内部对变量进行声明后再访问。

程序清单1.11　scope5.py

```
x = 10

def reset():
    global x ——— 声明为全局变量
    x = 30          ←代入到全局变量中
    print(x)

reset()
print(x)
```

执行结果　执行scope5.py（程序清单1.11）

```
C:\>python scope5.py
30
30
C:\>
```

如果使用全局变量，就可以在无须使用参数或返回值的情况下，在函数的内部和外部对值进行传递。然而，可能会由于一些意料之外的操作导致全局变量的内容发生变化。因此，在编写大型项目的代码时，尽可能缩小变量的有效范围是十分重要的。所以，在实际中我们应当尽量避免使用全局变量，优先使用局部变量。

1.8.4 面向对象与类

Python 也是一种面向对象语言。面向对象的特点是将数据和操作集中在一起进行处理。到目前为止，我们都是将变量这一数据与函数分开进行处理的。通过将数据与相关的操作集中在一起实现，不仅可以将修改代码所可能导致的影响降低到最小，同时还可以提高代码的可维护性。

我们将数据和相应的操作集中在一起所实现的东西称为对象，对于那些位于对象内部的数据，对象提供了只允许其实现的操作才能访问的机制，这种机制称为封装（图 1.9）。

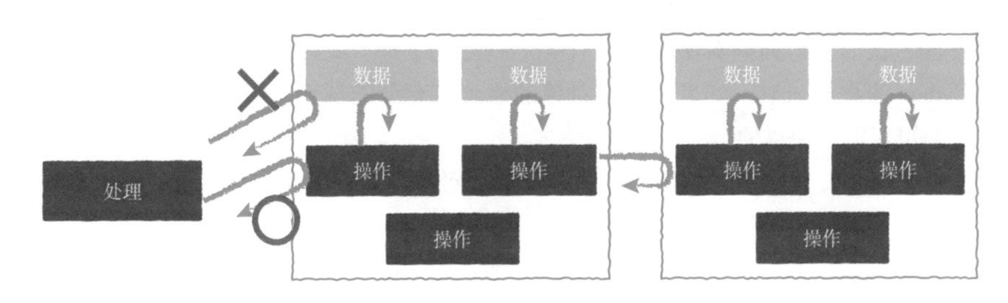

图 1.9　面向对象编程的示意图

对于那些外部不需要看到的操作，对象不仅可以禁止从外部对这些操作进行访问，而且还可以通过只对外公开必要的操作的方式来防止使用者的错误操作。

面向对象是将需要处理的对象以对象为单位进行划分，在对象与对象之间通过发送信息的方式来完成处理。此外，我们将类似对象的设计图的东西称为类，将根据类所生成的实体化的产物称为实例（图 1.10）。

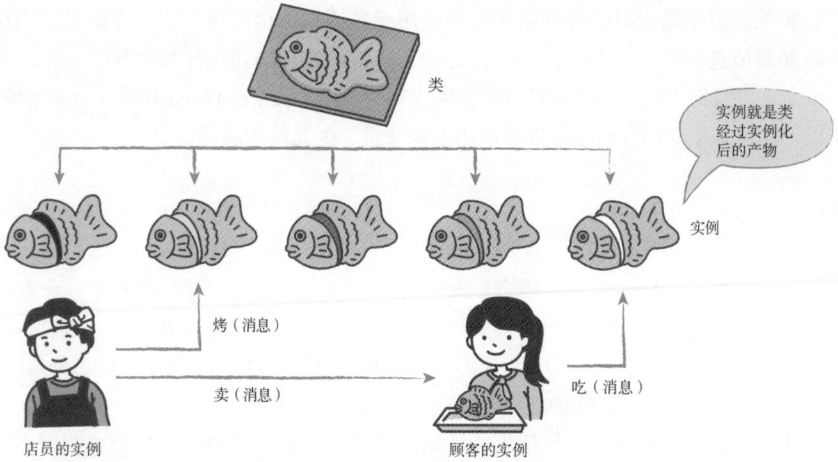

图1.10　类与实例的关系

如果只是实现本书中所学习的算法，或许不需要创建新的类，但是如果是使用软件库，就需要对面向对象的概念有一定程度的了解。此外，今后在其他领域中使用Python编程语言时，如果对面向对象的概念有充分的认识，那么在大型项目的开发中是可以派上用场的[注1]。

在Python源代码中的数据和函数等都属于对象。到目前为止我们所讲解的整数、小数、字符串、列表以及元组等也都是对象。大家返回到前面的内容确认type函数的执行结果就会一目了然（确认数据类型执行结果→1.3.3小节，列表和元组执行结果→1.4.4小节）。

在Python中创建类时，需要在class的后面指定类的名称。此外，类名称的首字母需要大写。类变量和类中的函数（方法）需要使用缩进进行定义。方法的定义与函数一样，都是使用def关键字。例如，定义类并创建实例下面的执行结果中显示的代码就是对类和方法进行定义。

```
class 类名称:
    def 方法名(参数):
        处理内容
    def 方法名(参数):
        处理内容
    ......
```

注1　本书中不会对面向对象进行详细的讲解。如果需要了解详细具体的知识，建议阅读面向对象相关的专业书籍。

如果需要使用类，那么就要对类进行指定并创建实例，在实例名后面添加圆点和指定方法名对方法进行调用。

下面的示例代码中，就是对包含name和password这些数据与login和logout等操作的User类进行定义，并创建在name中带有admin值，在password中带有password值的实例。

此外，从下面的代码中可以看出，在登录时使用password密码进行处理，就可以顺利地进行登录和退出操作。

执行结果　**定义类并创建实例**

```
C:\>python
>>> class User:                                     ←对名为User的类进行定义
...     def __init__(self, name, password):         ←构造函数的定义
...         self.name = name
...         self.password = password
...     def login(self, password):                  ←登录方法的定义
...         if self.password == password:
...             return True
...         else:
...             return False
...     def logout(self):                           ←退出方法的定义
...         print('logout')
...
>>> a = User('admin', 'password')                   ←创建用户名admin和密码password的用户
>>> if a.login('password'):                         ←指定密码password并登录
...     a.logout()
...
logout
>>>
```

在对类的方法进行定义时必须在参数中使用self关键字，这一点与其他编程语言是不同的。在Python中，方法中必须至少指定一个参数，而通常的做法都是将self作为开头的第一个参数。

__init__称为构造函数，是在创建对象时必须调用的方法，用于初始化需要在对象中进行处理的数据。同样地，当对象被销毁时（释放时）必须调用的方法是析构函数，使用__del__方法进行指定。不过，在Python中需要使用析构函数的场合是极为罕见的。

通过共享现有的类的特点的方式创建新的类的操作称为继承。使用继承，可以将多个成员类中具有的共通的部分集中在被继承的基础类（基类）中实现。要实现一个类的继承，需要在对类进行定义时，按照如下的方式对基类进行指定。下面示例的类继承执行结果中是对User类进行继承，并对GuestUser进行定义。

```
class 类名(基类名):
    def 方法名(参数):
        处理内容
    ……
```

执行结果　**类的继承**

```
C:\>python
  ←对前面的定义类并创建实例中的User类进行定义
>>> class GuestUser(User):            ←继承User类并定义GuestUser类
...     def __init__(self):
...         super().__init__('guest', 'guest')
...
>>> b = GuestUser()
>>> if b.login('guest'):
...     b.logout()
...
logout
>>>
```

在面向对象编程中，将相关的数据和方法集中到同一个类中实现，防止从类的外部对其内部的变量和方法进行直接访问的封装功能是非常常用的。

通过封装功能对允许访问的范围进行限制，就可以杜绝其他利用该类的程序随意修改其内部的数据，防止产生不必要的bug（错误）。

在大多数面向对象的编程语言中，对于变量或方法一般是通过指定public或private等访问属性来限制允许外部程序访问的范围的。而在Python语言中并不需要进行这样的指定。在Python中通常是在变量或方法的名称前面添加“_”或“__”来指定访问范围。以“_”开头的变量或方法是无法从外部直接进行引用的，对以“__”开头的变量或方法进行访问会导致程序发生错误。

执行结果　**以_开头的变量无法访问**

```
C:\>python
>>> class User:
...     def __init__(self, name, password):
...         self.name = name
...         self.__password = password
...
>>> c = User('admin', 'password')
>>> c.name              ←不是以__开头的变量可进行访问
'admin'
>>> c.__password        ←以__开头的变量无法进行访问
Traceback (most recent call last):
  File "<stdin>", line 1, in <module>
AttributeError: 'User' object has no attribute '__password'
```

模块与软件包

在Python中可以通过使用模块和软件包的方式来读取其他的文件并加以使用。其中，模块是包含函数或类的代码的单一的文件，我们可以在import关键字的后面指定该文件进行读取。而软件包则是由模块组合而成的东西，它可以将具有类似功能的多个模块集中到一起作为一个单独软件包进行运用。

在读取的模块中已经进行了声明的函数，可以将模块名和标识符用句号（点）连接起来对其进行处理。

例如，假设我们尝试在同一目录中创建程序清单1.12、程序清单1.13文件。其中，第一个是对函数进行定义的文件；第二个是对函数进行调用的文件。对第二个文件进行指定并执行，函数就会被调用。

程序清单1.12　func.py

```
def add(a, b):
    return a + b
```

程序清单1.13　calc.py

```
import func

print(func.add(3, 4))
```

执行结果　**执行calc.py（程序清单1.13）**

```
C:\>python calc.py
7
C:\>
```

接下来，我们将使用模块或软件包创建数组作为示例。本文中所讲解的列表是Python内部提供的，因此不需要执行模块或软件包的导入操作。

p.20脚注1中介绍的array模块对保存在其中的元素的类型是有限制的，当我们需要对程序所使用的内存进行严格管理时可以使用这一模块。如果是在机器学习中使用，由于实现对数据的高速处理更为重要，因此可以程序清单1.14所示，使用NumPy软件包中的ndarray对象（如果使用的是Anaconda，其中是包含NumPy软件包的，而如果是在其他环境中使用NumPy，需要单独安装才能使用）。

程序清单1.14　list_array.py

```
data = [4, 5, 2, 3, 6]                          ←创建列表

import array
data = array.array('i', [4, 5, 2, 3, 6])        ←创建整数型数组

import numpy
data = numpy.ndarray([4, 5, 2, 3, 6])           ←创建NumPy的数组
```

理解程度 Check！

●**问题1** 请思考如果执行下面的程序，会得到什么样的输出结果。请实际在计算机上输入这些代码，并确认产生的结果与自己设想的结果是否一致。

```
x = 3
def calc(x):
    x += 4
    return x

print(x)
print(calc(x))
print(x)
```

●**问题2** 请思考如果执行下面的程序，会得到什么样的输出结果。请实际在计算机上输入这些代码，并确认产生的结果与自己设想的结果是否一致。

```
a = [3]
def calc(a):
    a[0] += 4
    return a

print(a)
print(calc(a))
print(a)
```

●**问题3** 请思考如果执行下面的程序，会得到什么样的输出结果。请实际在计算机上输入这些代码，并确认产生的结果与自己设想的结果是否一致。

```
a = [3]
def calc(a):
    a = [4]
    return a

print(a)
print(calc(a))
print(a)
```

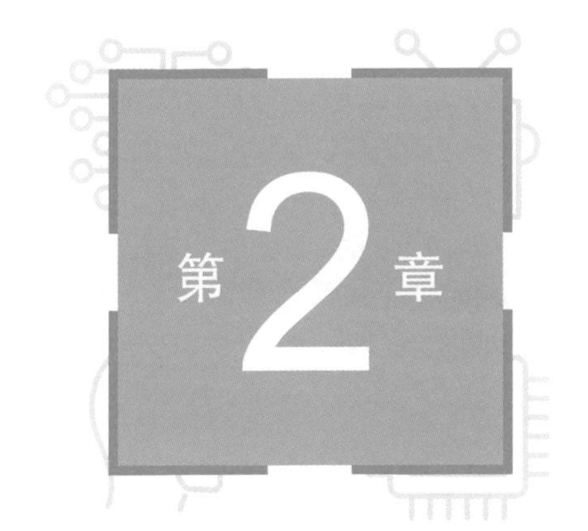

学习编写简单的程序

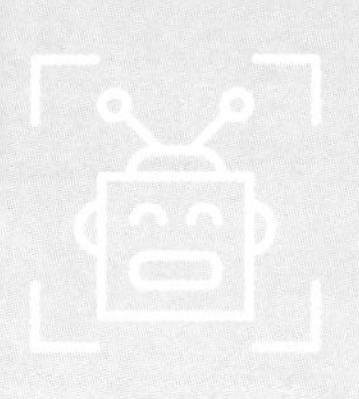

正如在前言中曾介绍过的，所谓算法，是用于解决问题的步骤和计算方法，与编程并没有直接的关系。然而，在编写程序的代码时，只需稍微改变一下步骤就能大幅缩短处理所需的时间。因此，我们经常在编写程序时使用算法进行配合。

为了学习算法，仅仅掌握编程语言的相关知识是远远不够的。通过亲自动手编写简单的程序，可以对其中的步骤和处理时间进行直观的感受。即使是很庞大的软件也是由一个个小的程序所组成的。下面使用第1章中学习的Python编程知识，尝试编写简单的程序并确认其执行结果。

2.1 绘制流程图

学习绘制流程图中常用的符号。

2.1.1 处理流程的表达

对于刚刚接触编程语言的人来说，直接阅读源代码可能会比较辛苦。哪怕是使用日语或英语编写的文章，如果一行行地阅读用特别的格式书写的内容也是非常不容易的事情。

但是，如果能够将处理的流程使用示意图的形式绘制出来，那么就能让人形成很直观的理解。而流程图就是专门用于表示处理流程的示意图。流程图是JIS（日本国家工业标准）中所规定的标准规范，不仅能用于表示程序的处理流程，同样也适合用于描述普通的业务流程。

相对于通过文章进行说明，使用示意图能使具体的实现内容让人更容易理解，方便整理思路，向其他人转述时也会更顺利。

在本节中，我们将对绘制流程图时常用的符号进行介绍，在本书后面的章节中，将使用流程图配合源代码对相关的知识进行讲解。

2.1.2 记住常用的符号

在绘制流程图时，最重要的一点就是要使用规范的符号进行绘制。如果使用自己随意设计的符号，不同的人看到就可能产生不同的理解，从而导致信息无法正确地传递。

表2.1 中列出的是使用较为频繁的符号。在绘制流程图时，我们使用线条（箭头）将这些符号连接起来，按照自上而下的顺序对流程进行描述。

表2.1　流程图符号

含　义	符　号	详　细
开始/结束		用于表示流程图的开始和结束
处理		用于描述需要执行的处理内容
条件分支		表示if语句等条件分支处理。 在符号中记述具体的条件
循环		表示for语句等循环处理。使用开始（上）和结束（下）括住需要循环处理的部分
键盘输入		用于表示用户使用键盘进行输入
预定义的处理		用于表示其他已事先定义好的处理和函数

2.1.3 绘制简单的流程图

接下来将使用上述符号绘制一个简单的流程图。下面的流程图描述的是使用for对大于等于0且小于10的偶数进行输出的程序的实现流程。请结合实际的程序代码（程序清单2.1），对二者所表现的处理流程进行比较。

开始

循环
(i = 0..9)

偶数?

No

Yes

输出i

结束

程序清单2.1　even.py

```
for i in range(10):
    if i % 2 == 0:      ←为偶数时
        print(i)
```

执行结果　**执行event.py(程序清单2.1)**

```
C:\>python even.py
0
2
4
6
8
C:\>
```

流程图已经过时了吗?

现在一提到流程图，就经常会听到有人说“没画过流程图”“流程图没什么用”。此外，还有些观点认为流程图是面向过程的，在面向对象和面向函数的编程中无法使用。如果是面向对象编程，通常都是使用UML（unified modeling language，统一建模语言）。

实际上，我自己平时在写程序时，并不会专门去绘制流程图。如果需要同时准备文档，我会在程序完成之后再专门去写文档。

估计有人会觉得，这么说绘制流程图的确是没必要了。实则相反，绘制流程图是有非常大的好处的，那就是不依赖于任何编程语言，不是程序员也一样能够理解。当我们将已经写好的程序向其他人进行说明时，并不需要对方具备特殊的知识，这是目前向初学者描述算法的思维方式时最为有效的方法。

2.2 编程实现FizzBuzz

√ 将for语句的循环与if语句的条件分支结合使用。
√ 将除法运算的余数作为判断条件使用。
√ 尝试绘制简单的流程图。

2.2.1 面试考试中的常见问题

在企业招聘程序员的面试考试中，为了鉴别面试者是否是会写程序的程序员，在考试中经常会出的一个题目就是FizzBuzz。这个问题是如下所示的一个编程问题。

> **Q.** 请编写可以顺序地输出从1到100的数字的程序。其中，当数字是3的倍数时不要输出数字本身，而是输出Fizz。同理，当数字为5的倍数时输出Buzz，当数字同时为3和5的倍数时输出FizzBuzz。

由于篇幅的限制，这里只输出1～50的结果。程序实际输出的结果如下所示。

执行结果　**解答程序的输出示例**

```
1 2 Fizz 4 Buzz Fizz 7 8 Fizz Buzz 11 Fizz 13 14 FizzBuzz 16 17 Fizz ➥
19 Buzz Fizz 22 23 Fizz Buzz 26 Fizz 28 29 FizzBuzz 31 32 Fizz 34 ➥
Buzz Fizz 37 38 Fizz Buzz 41 Fizz 43 44 FizzBuzz 46 47 Fizz 49 Buzz
```

※由于篇幅的限制，这里使用➥自动换行。

接下来，将编写能够产生这一输出结果的程序。首先，思考一下如何编写能够顺序地输出1～50的数字的程序。在Python中，可以如程序清单2.2所示使用循环语句来实现。

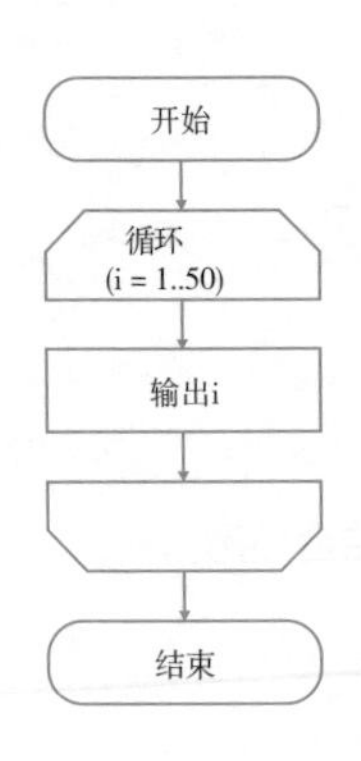

程序清单2.2　fizzbuzz1.py

```
for i in range(1, 51):
    print(i, end=' ') ←不换行，加上空格进行输出
```

执行结果　**执行fizzbuzz1.py（程序清单2.2）**

```
C:\>python fizzbuzz1.py
1 2 3 4 5 6 7 8 9 10 11 12 13 14 15 16 ➥
17 18 19 20 21 22 23 24 25 26 27 28 29 ➥
30 31 32 33 34 35 36 37 38 39 40 41 42 ➥
43 44 45 46 47 48 49 50
```

※由于篇幅的限制，这里使用➥自动换行。

在程序清单2.2中，我们之所以在range的第二个参数中指定了51，那是因为最后一个数是不包含在循环范围之内的。在Python中，作为range函数的上限数值是不包含在取值范围内的，因此指定range(1, 51)，就会循环生成1～50的整数。此外，如果在print函数的参数中添加end=' '，就可以在每次输出时不换行并输出空格。

接下来，将对这一程序进行修改，使其更接近于我们想要实现的程序。最初的条件是，要求当数字为3的倍数时，不要输出数字本身，而是输出Fizz。

2.2.2 为3的倍数时输出Fizz

有多种方法可以判断某个数字是否是3的倍数，其中，最简单的方法莫过于判断该数是否可以被3整除。可以整除，就等同于余数为0。

大多数编程语言都提供了对求余运算的支持，在第1章中我们也讲解过，在Python中是使用“%”运算符来计算余数的。例如，对5÷3进行计算，求出的余数为2，那么执行5 % 3，就可以得到2这一结果。

接下来，将尝试执行下面的代码，并对其结果进行确认。

执行结果　**计算5÷3的余数**

```
>>> 5 % 3
2
>>>
```

如果使用这种方法，只需要将被3整除且余数为0这一规则作为判断依据即可，因此我们可以使用条件分支语句来改变程序输出的内容。例如，当被3整除时就输出Fizz，在其他情况下输出数字的程序就可以如程序清单2.3所示进行编写。

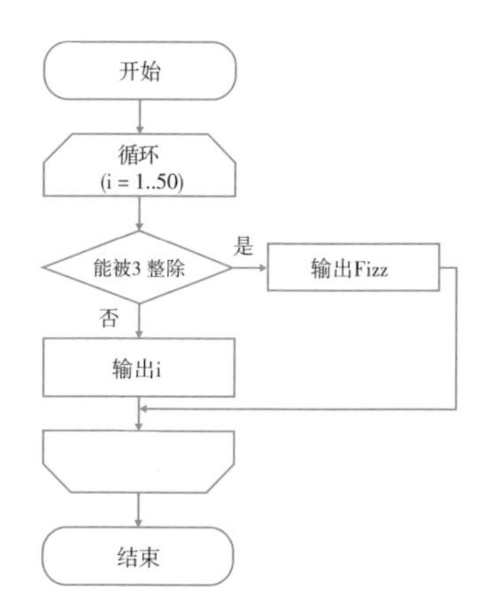

程序清单2.3 fizzbuzz2.py

```
for i in range(1, 51):
    if i % 3 == 0:        ←可以被3整除时
        print('Fizz', end=' ')
    else:                 ←不能被3整除时
        print(i, end=' ')
```

执行结果 执行fizzbuzz2.py（程序清单2.3）

```
C:\>python fizzbuzz2.py
1 2 Fizz 4 5 Fizz 7 8 Fizz 10 11 Fizz 13 14 Fizz 16 17 Fizz 19 20 ➥
Fizz 22 23 Fizz 25 26 Fizz 28 29 Fizz 31 32 Fizz 34 35 Fizz 37 38 ➥
Fizz 40 41 Fizz 43 44 Fizz 46 47 Fizz 49 50
```

※由于篇幅的限制，这里使用➥自动换行。

2.2.3 为5的倍数时输出Buzz

接下来，尝试添加当数字为5的倍数时输出Buzz这一条件。如果只是单纯地增加判断条件，可以如程序清单2.4所示对程序进行修正。当然，如果需要对多个处理进行条件分支时，可以将if和else组合起来使用elif语句。

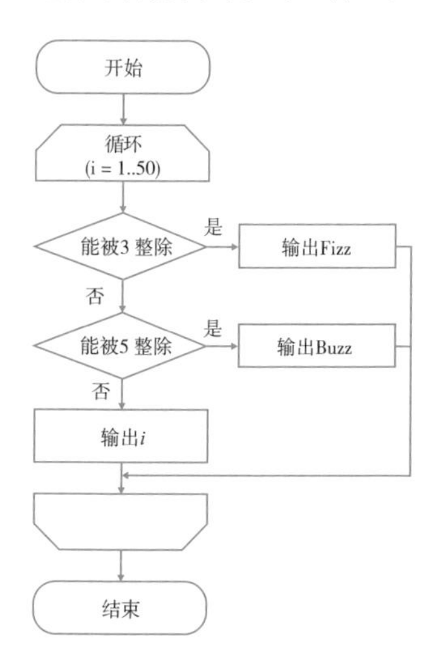

程序清单2.4 fizzbuzz3.py

```
for i in range(1, 51):
    if i % 3 == 0:        ←可以被3整除时
        print('Fizz', end=' ')
    elif i % 5 == 0:      ←可以被5整除时
        print('Buzz', end=' ')
    else:   ←不能被3也不能被5整除时
        print(i, end=' ')
```

执行结果　执行fizzbuzz3.py（程序清单2.4）

```
C:\>python fizzbuzz3.py
1 2 Fizz 4 Buzz Fizz 7 8 Fizz Buzz 11 Fizz 13 14 Fizz 16 17 Fizz 19 ➥
 Buzz Fizz 22 23 Fizz Buzz 26 Fizz 28 29 Fizz 31 32 Fizz 34 Buzz Fizz ➥
 37 38 Fizz Buzz 41 Fizz 43 44 Fizz 46 47 Fizz 49 Buzz
```

※由于篇幅的限制，这里我们使用➥自动换行。

由于首先是对3的倍数进行判断，因此有些数字即使是5的倍数，程序也不会输出Buzz（例如，15、30、45等数字）。然而，这一情况可以在之后数字同时为3和5的倍数时输出FizzBuzz这一条件中进行抵消，因此这里保留目前的实现方式。

2.2.4 同为3和5的倍数时输出FizzBuzz

比较难以实现的是如何添加最后一个条件。其中的一种方法是，对3的倍数进行判断后，再继续对5的倍数进行判断。当然，上述判断为5的倍数的实现代码依然可以保留。我们可以尝试如程序清单2.5所示进行实现。

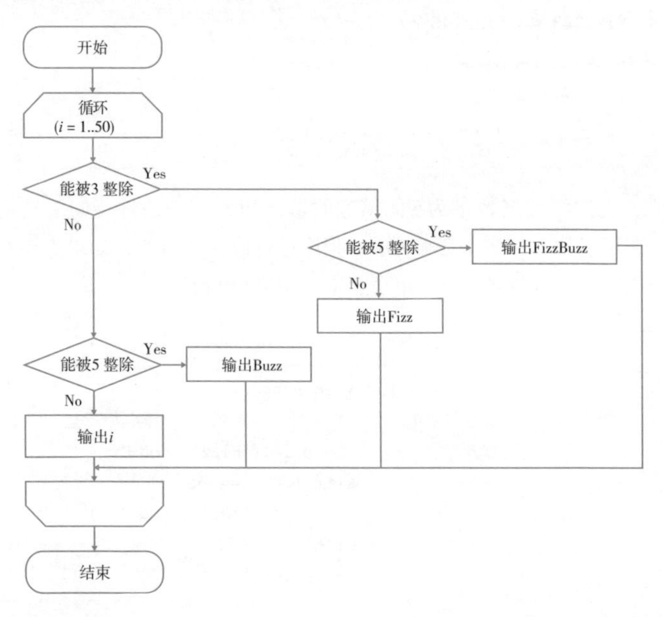

程序清单2.5　fizzbuzz4.py

```
for i in range(1, 51):
    if i % 3 == 0:
        if i % 5 == 0:
            print('FizzBuzz', end=' ')
```

```
        else:
            print('Fizz', end=' ')
    elif i % 5 == 0:
        print('Buzz', end=' ')
    else:
        print(i, end=' ')
```

执行结果　**执行fizzbuzz4.py（程序清单2.5）**

```
C:\>python fizzbuzz4.py
1 2 Fizz 4 Buzz Fizz 7 8 Fizz Buzz 11 Fizz 13 14 FizzBuzz 16 17 Fizz ➥
 19 Buzz Fizz 22 23 Fizz Buzz 26 Fizz 28 29 FizzBuzz 31 32 Fizz 34 Buzz ➥
 Fizz 37 38 Fizz Buzz 41 Fizz 43 44 FizzBuzz 46 47 Fizz 49 Buzz
```

※由于篇幅的限制，这里我们使用➥自动换行。

从上述结果中可以看出，我们顺利得到了期望的结果。然而，在大多数情况下，将特殊的条件优先进行处理，之后再回过头阅读源代码时将会更加容易理解。那么接下来，首先将对数字是否同为3和5的倍数进行判断。使用逻辑运算符and，可以如程序清单2.6所示实现这一操作。

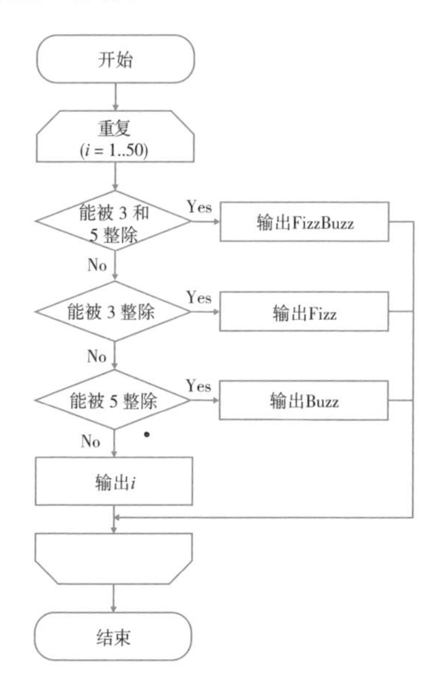

程序清单2.6　fizzbuzz5.py

```
for i in range(1, 51):
    if (i % 3 == 0) and (i % 5 == 0):
        print('FizzBuzz', end=' ')
    elif i % 3 == 0:
        print('Fizz', end=' ')
    elif i % 5 == 0:
        print('Buzz', end=' ')
    else:
        print(i, end=' ')
```

由于程序的输出结果是一样的，就不在这里重复了。从上述代码可以看到，不仅缩进减少了，源代码也更易于阅读。

由此可见，在编程的过程中，我们不需要一次性做到完美地实现，只需从最简单的方式开始尝试编写代码即可。建议初学者通过这样一步步地对代码进行修正，在一边编写代码一边确认当前的程序与自己所期望的结果之间的差异过程中，以渐进的方式逐步完善自己编写的程序。

2.3 自动售货机中找零的计算

√ 掌握处理键盘输入的方法。
√ 掌握应对非法输入数据的方法。
√ 掌握使用列表简化程序代码的方法。

2.3.1 让找零的硬币枚数最少

Computer之所以被翻译成计算机，是因为计算机是非常擅长计算的一种机器。接下来，我们尝试编写一个可以执行简单计算的程序。这里将思考如何创建一个简单的自动售货机。

自动售货机可以自动对顾客所投入的金额和顾客需要购买的商品的价格进行比较，如果投入的金额与商品的价格相同，或者投入的金额高于商品价格，那么顾客就可以购买该商品。而且，如果投入的金额超过了商品价格，自动售货机还会对余额进行计算并自动找零。

接下来，我们将思考如何实现计算余额并找零的功能。这里不仅需要对金额进行计算，计算的重点是需要使用哪些面额的纸币和硬币，以及分别需要返回多少张纸币，多少枚硬币。

假设投入了1万日元的纸币，购买价格为2362日元的商品，需要找零7638日元。那么此时，自动售货机应当怎样返回找零的金额呢（图2.1）？

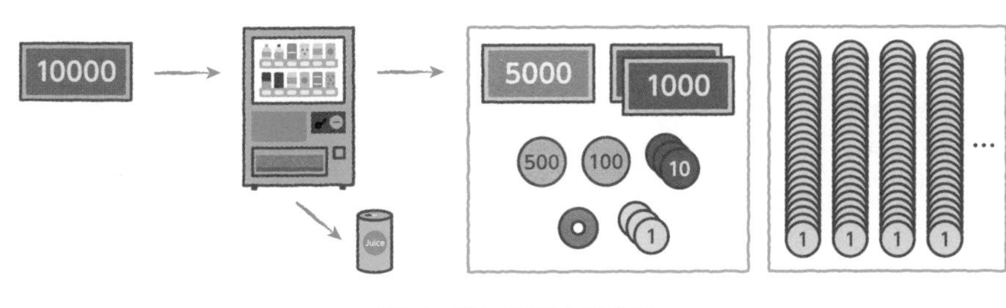

图2.1 思考找零的硬币枚数

当然，如果简单地返回7638枚1日元的硬币，在法律上也是没问题的，但是，这样的自动售货机肯定会被顾客投诉的，而且准备大量找零用的硬币也是非常不现实的方法。因此，合理的做法是计算出所需纸币和硬币数量最少的找零方式。

例如，可以返回5000日元的纸币一张、1000日元的纸币两张、500日元的硬币一枚、100日元的硬币一枚、10日元的硬币三枚、5日元的硬币一枚、1日元的硬币三枚。如果不考虑2000日元的纸币，这个方法得出的找零所需的纸币和硬币数量是最少的。

接下来，将尝试编写能够实现这一处理的程序。这次也同样从简单的方法开始尝试编写程序，然后通过逐步改进代码的方式完善程序的实现。

2.3.2 计算找零的金额

首先，我们将考虑如何实现根据投入金额和购买的商品价格计算找零的金额这部分功能。首先显示投入金额的输入画面，接着显示所购买商品价格的输入画面。分别在画面中输入对应的金额，程序就会自动计算找零并显示出计算后得到的结果。可以考虑如程序清单2.7所示编写代码。

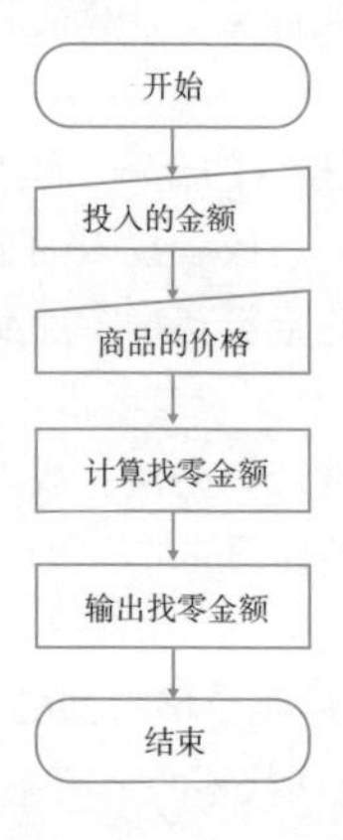

程序清单2.7　vending_machine1.py

```
insert_price = input('insert: ')                  ←接收投入金额
product_price = input('product: ')                ←接收商品价格
change = int(insert_price) - int(product_price)   ←计算找零
print(change)
```

在上述代码中，第一行和第二行为input函数，用于接收从键盘输入的值。之后将输入的值分别代入到变量中。而由于输入的值是字符串，因此第三行代码会对这些字符串分别进行类型的转换，将其转换成整数类型后，再进行找零计算，并且在第四行代码中显示结果。进行此类计算时，数据类型必须是整数类型，因此这里的字符串必须先转换成数值类型（在第1章中，将数值转换成了字符串，在这里进行相反的转换）。

执行代码并输入投入金额和购买的商品价格，就可以得到如下所示的正确计算结果。

执行结果　**执行 vending_machine1.py（程序清单2.7）并进行计算**

```
C:\>python vending_machine1.py
insert: 10000      ←显示insert:时输入金额
product: 2362      ←显示product:时输入金额
7638
C:\>
```

接下来，将继续计算得到的金额转换成纸币和硬币的数量。通常为了减少找零所需的纸币和硬币的数量，我们都是从大面额的纸币开始计算的。也就是说从5000日元开始按顺序使用1000日元、500日元、100日元的面额进行计算。

各种面额的纸币和硬币的数量，都可以通过一张纸币或硬币的面额计算除法得到的商而得出。例如，如果找零金额是7638日元，那么7638÷5000=1，余数为2638，得出一张5000日元的纸币。之后的1000日元的纸币可以使用余数2638元除以1000，2638÷1000=2，余数为638，得出两张1000日元的纸币。使用这一方法对所有的纸币和硬币进行计算，就可以求出各个面额的纸币和硬币需要找零的数量。

在Python中使用“//”运算符求取整数的商，使用“%”运算符求取余数，因此可以按如下所示的方法对纸币和硬币的数量以及余额进行计算。

执行结果　**求取5000日元面额纸币的数量和余额**

```
>>> print(7638 // 5000)      ←用除法计算纸币张数
1
>>> print(7638 % 5000)       ←使用余数求取余额
2638
```

使用这一方法对本次的找零进行计算，可以编写如程序清单2.8所示的程序。虽然整体代码有些长，但是如果将空行隔开的部分作为一个个独立的单元来看，其实每一个单元内的处理都是非常简单的。

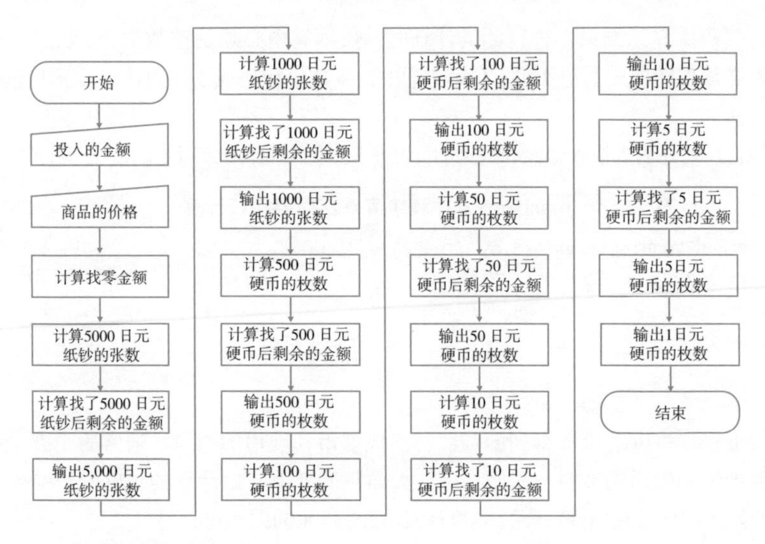

程序清单2.8　vending_machine2.py

```
# 计算找零的金额
insert_price = input('insert: ')
product_price = input('product: ')
change = int(insert_price) - int(product_price)

# 计算5000日元纸币的数量
r5000 = change // 5000
q5000 = change % 5000
print('5000: ' + str(r5000))

# 计算1000日元纸币的数量
r1000 = q5000 // 1000
q1000 = q5000 % 1000
print('1000: ' + str(r1000))

# 计算500日元硬币的数量
r500 = q1000 // 500
q500 = q1000 % 500
print('500: ' + str(r500))

# 计算100日元硬币的数量
r100 = q500 // 100
q100 = q500 % 100
print('100: ' + str(r100))
```

```
# 计算50日元硬币的数量
r50 = q100 // 50
q50 = q100 % 50
print('50: ' + str(r50))

# 计算10日元硬币的数量
r10 = q50 // 10
q10 = q50 % 10
print('10: ' + str(r10))

# 计算5日元硬币的数量
r5 = q10 // 5
q5 = q10 % 5
print('5: ' + str(r5))

# 计算1日元硬币的数量
print('1: ' + str(q5))
```

在上述每一个处理中，程序不仅将使用每种面额的纸币或硬币的单价计算除法得出的商作为数量进行输出，而且将每次计算后得到的余数用在了后面的纸币或硬币的数量计算当中。此外，由于除法计算得出的商和余数都必然是整数，因此，如果与字符串一起输出，必须使用str函数将其转换成字符串。

执行上述代码，得到了如下所示的结果。

执行结果　执行vending_machine2.py（程序清单2.8）

```
C:\>python vending_machine2.py
insert: 10000
product: 2362
5000: 1
1000: 2
500: 1
100: 1
50: 0
10: 3
5: 1
1: 3
C:\>
```

2.3.3 运用列表和循环简化实现代码

我们通过上面编写的程序最终得到了正确的答案，由此可见，处理的内容是没有问题的，但是其中大量重复的处理部分还是不太令人满意的。既然每次只是改变所使用的值进行相同的计算，是不是还可以考虑在代码上下一些工夫使其变得更加简洁呢？

实际上对于上述代码，通过将列表和循环一起结合使用来简化代码的做法是非常常见的。如果将纸币和硬币的面额保存到列表中并使用循环语句，就可以如程序清单2.9所示实现。

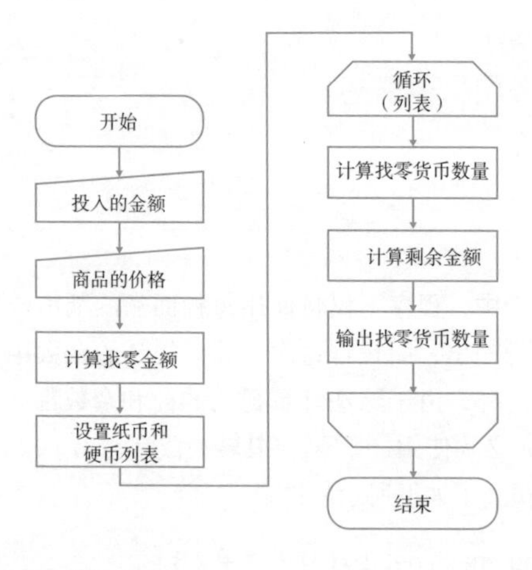

程序清单2.9　vending_machine3.py

```
input_price = input('insert: ')
product_price = input('product: ')
change = int(input_price) - int(product_price)

coin = [5000, 1000, 500, 100, 50, 10, 5, 1]  ←纸币和硬币的面额

for i in coin:
    r = change // i
    change %= i
    print(str(i) + ': ' + str(r))
```

执行上述代码也是可以得到相同的结果的，我们可以看到其中的代码大幅度地简化了。此外，如果需要添加2000日元的纸币，只需要在第五行的列表中输入2000的数值即可，这样对程序的修改也就变得更加简单了。

由于这里我们是投入1万日元购买2362日元的商品，因此只需要分别输入10000和2362，就可以顺利得到如下所示的结果。

执行结果　**执行vending_machine3.py（程序清单2.9）[①]：投入金额10000、购买金额2362**

```
C:\>python vending_machine3.py
insert: 10000
product: 2362
5000: 1
1000: 2
500: 1
100: 1
50: 0
10: 3
5: 1
1: 3
C:\>
```

然而，以这样的方式进行处理，根据输入的内容不同，可能会出现一些问题。例如，假设输入的金额是1000和2362，也就是使用1000日元购买2362日元的商品。

虽然上述做法在现实中是行不通的，但是程序清单2.9中的程序却仍然会自动进行处理，并且输出负数的结果。

执行结果　**执行vending_machine3.py（程序清单2.9）[②]：投入金额1000、购买金额2362**

```
C:\>python vending_machine3.py
insert: 1000
product: 2362
5000: -1
1000: 3
500: 1
100: 1
50: 0
10: 3
5: 1
1: 3
C:\>
```

接下来，将尝试处理类似10,000和2,362这样的金额包括逗号的输入数字。从下面的结果中可以看出，在计算找零时，将字符串转换成整数的操作失败了，导致程序发生异常。

执行结果　**执行vending_machine3.py（程序清单2.9）[③]：投入金额和购买金额中包含逗号**

```
C:\>python vending_machine3.py
insert: 10,000
```

```
product: 2,362
Traceback (most recent call last):
  File "vending_machine3.py", line 3, in <module>
    change = int(input_price) - int(product_price)
ValueError: invalid literal for int() with base 10: '10,000'
C:\>
```

2.3.4 非法输入数据的应对措施

像这样对用户输入的数据进行处理时，程序需要能够处理非法的输入数据。在这里，我们将尝试使用isdecimal函数[注1]对输入的金额是否为数字进行判断（程序清单2.10）。然后，还将在找零计算之前，对投入的金额减去商品价格之后的数字是否为负数进行确认。

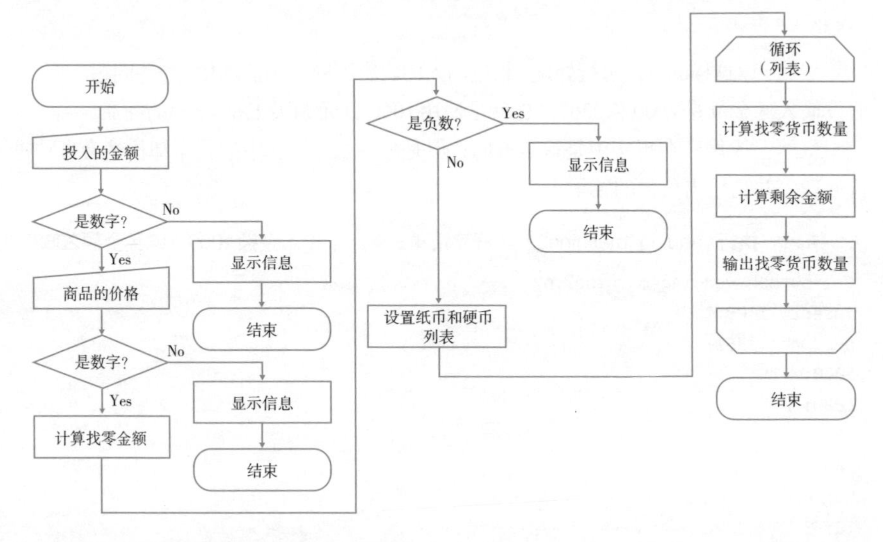

程序清单2.10　vending_machine4.py

```
import sys        ←导入当发生错误时可以强制终止执行的模块

input_price = input('insert: ')
if not input_price.isdecimal():
    print('请输入整数')
    sys.exit()    ←发生错误时强制退出

product_price = input('product: ')
```

注1　字符串类所包含的方法，用于确认该字符串是否仅由数字组成并返回结果。

```
if not product_price.isdecimal():
    print('请输入整数')
    sys.exit()    ←发生错误时强制退出

change = int(input_price) - int(product_price)

if change < 0:
    print('金额不足')
    sys.exit()    ←发生错误时强制退出

coin = [5000, 1000, 500, 100, 50, 10, 5, 1]

for i in coin:
    r = change // i
    change %= i
    print(str(i) + ': ' + str(r))
```

如果输入的数据是非法的，程序就会显示错误信息并终止执行[注1]。我们可以通过这样的方式防止用户输入非法数据。

加入上述检测代码后，即使是输入了整数之外的值程序也不会发生异常而导致意外终止，并且会显示产生错误的原因，这样一来，使用者也能够很容易地知道程序终止执行的原因。

执行结果　执行vending_machine4.py（程序清单2.10）①

```
C:\>python vending_machine4.py
insert: 10,000
请输入整数
C:\>
```

执行结果　执行vending_machine4.py（程序清单2.10）②

```
C:\>python vending_machine4.py
insert: 10000
product: 2,376
请输入整数
C:\>
```

执行结果　执行vending_machine4.py（程序清单2.10）③

```
C:\>python vending_machine4.py
insert: 1000
product: 2376
金额不足
C:\>
```

注1 导入名为sys的模块，程序就可以通过调用sys.exit()函数主动终止执行。

divmod 函数

在Python中还提供了可以同时对商和余数进行计算的divmod函数。

divmod(a, b)和(a // b, a % b)的作用是完全相同的。使用这一函数，计算找零的部分就可以如程序清单2.11所示简单地实现(由于这个方法有些情况下在其他编程语言中有可能是无法使用的，因此需要注意)。

程序清单2.11 vending_machine5.py

```
input_price = input('insert: ')
product_price = input('product: ')
change = int(input_price) - int(product_price)

coin = [5000, 1000, 500, 100, 50, 10, 5, 1]

for i in coin:
    r, change = divmod(change, i)

    print(str(i) + ': ' + str(r))
```

2.4 基数变换

√ 理解十进制数与二进制数的相互转换。
√ 掌握基于while 循环语句的编程方法。
√ 掌握创建自定义函数的方法。

2.4.1 十进制与二进制

与2.3节中所讲解的计算金额一样，我们人类通常都习惯使用0～9的10个数字组成的十进制数。从0开始按顺序数数时，9的后面是10，99的后面是100，将9还原为0并在前面增加一个位数。

然而，计算机使用的是二进制数。所谓二进制，是指只使用0和1这两个数字的表达方式。也就是说，是像0, 1, 10, 11, 100, 101, 110, 111, 1000 …这样不断地增加位数（表2.2）。

表2.2 十进制数与二进制数的对照表

十进制	二进制	十进制	二进制
0	0	10	1010
1	1	11	1011
2	10	12	1100
3	11	13	1101
4	100	14	1110
5	101	15	1111
6	110	16	10000
7	111	17	10001
8	1000	18	10010
9	1001	19	10011

像这样在各个位数上使用的符号的数量称为基数。例如，十进制使用的是0～9这10个符号，因此基数就是10，而二进制是使用0和1这两个符号，所以基数就是2。

十进制的计算就像我们在小学的时候背诵的九九乘法口诀，需要考虑对0～9的数字进行计算。而二进制中只有0和1这两个数字，那么它的计算就会非常简单。如果需要进行二进制的加法和乘法运算，只需要记住表2.3中的8个计算方式即可。

表2.3　二进制的加法和乘法计算

加法	乘法
$0+0=0$	$0\times0=0$
$0+1=1$	$0\times1=0$
$1+0=1$	$1\times0=0$
$1+1=10$	$1\times1=1$

例如，我们将尝试使用二进制对$4+7$和3×6进行计算。此外，为了将十进制和二进制进行区分，在后面的内容中，如果是十进制数就会像$4_{(10)}$这样在右下添加10，如果是二进制数，则会像$100_{(2)}$这样在右下添加2来表示。

从表2.2中可以看出，由于$4_{(10)}=100_{(2)}$、$7_{(10)}=111_{(2)}$，因此加法计算就是$100_{(2)}+111_{(2)}$。同样地，由于$3_{(10)}=11_{(2)}$、$6_{(10)}=110_{(2)}$，那么乘法计算就是$11_{(2)}\times110_{(2)}$。如果像十进制那样进行计算，就可以如表2.4所示求出结果。

表2.4　笔算求解二进制的加法和乘法运算

加法运算的示例	乘法运算的示例
100 + 111 1011	11 × 110 11 11 10010

然后，从结果中可以看出，计算所得的结果分别为$1011_{(2)}=11_{(10)}$和$10010_{(2)}=18_{(10)}$。那么，如果需要将十进制转换成二进制，应该如何实现呢？

2.4.2　十进制到二进制的转换

按照上述方式将$18_{(10)}$转换成二进制就是$10010_{(2)}$。而要计算这一结果，常用2进行除法计算得出商和余数，接着再用商除以2得出商和余数，以此类推，反复进行计算，直至求出的商为0为止。

由于只需要求出商和余数，因此我们常用纵向排列的方式进行计算。

$18\div2=9$ 余数为0

$9\div2=4$　余数为1

$4\div2=2$　余数为0

$2\div2=1$　余数为0

$1\div2=0$　余数为1

将上面求出的余数从下往上进行排列，得到的就是10010，这正是我们想要求取的值。接下来，将考虑在程序中实现这一计算过程。

计算商和余数的方式与计算找零的方式是相同的，只不过在计算商时，需要反复进行计算直到商为0为止。这里将尝试创建将$18_{(10)}$转换成二进制数的程序（程序清单2.12）。

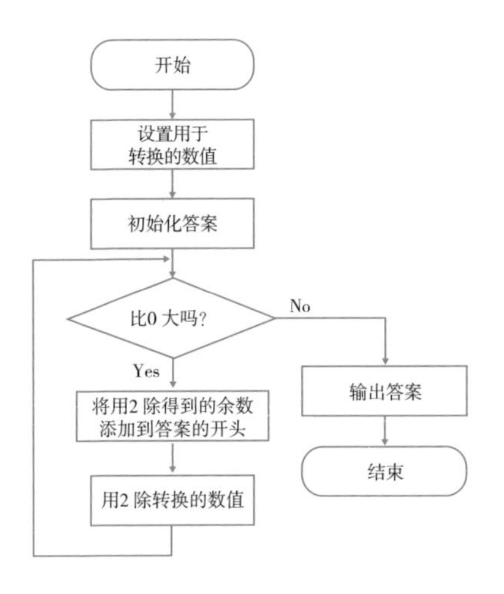

程序清单2.12　convert1.py

```
n = 18

result = ''

while n > 0:
    result = str(n % 2) + result   ←将余数添加到字符串的左侧
    n //= 2                        ←将除以2得到的商再次代入

print(result)
```

作为用于保存答案的变量，上述代码中使用了字符串类型的变量result，将余数按顺序拼接在一起。这里的重点是需要将余数连接在已设置的字符串前面。此外，将计算得到的商作为下一次需要进行除法运算的数值。

执行结果　**执行convert1.py（程序清单2.12）**

```
C:\>python convert1.py
10010
C:\>
```

接下来，为了使这一方法具有更好的通用性，我们将尝试编写可以根据指定的基数进行转换的函数（程序清单2.13）。

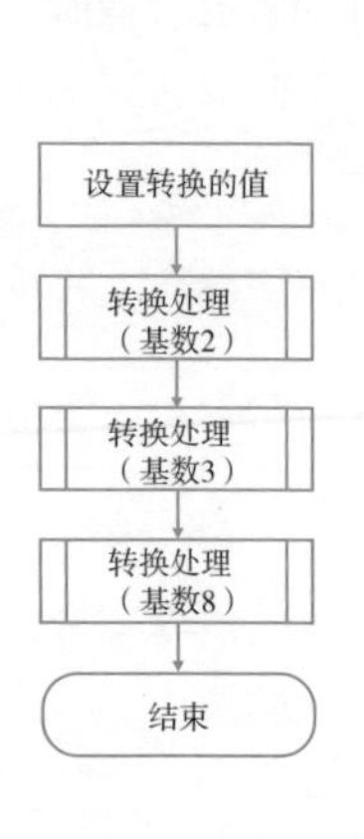

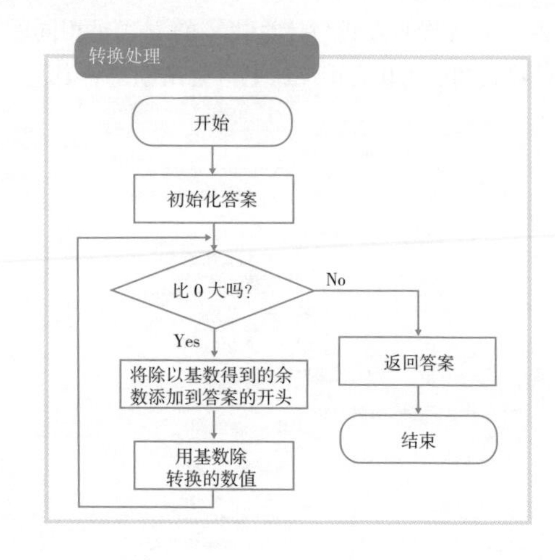

程序清单2.13　convert2.py

```
n = 18

def convert(n, base):
    result = ''

    while n > 0:
        result = str(n % base) + result
        n //= base

    return result

print(convert(n, 2))
print(convert(n, 3))
print(convert(n, 8))
```

创建好这个函数后，我们就可以对基数为2～10的数进行转换操作。程序清单2.13中显示的是，当基数为2、3、8时进行转换，可以看到程序顺利地进行了处理。

执行结果　执行convert2.py（程序清单2.13）

```
C:\>python convert2.py
10010
200
22
C:\>
```

然而，这只是将十进制转换成其他的基数。接下来我们将尝试将二进制数转换成十进制数。

2.4.3 二进制到十进制的转换

这里我们考虑的是将二进制的 $10010_{(2)}$ 转换成十进制数。如果从十进制的位数来考虑，就可以理解其中的规律。例如，在数字456中，百位为4、十位为5、个位为6，可以写成 $456 = 4 \times 100 + 5 \times 10 + 6 \times 1$。

由于 $100 = 10^2$、$10 = 10^1$、$1 = 10^0$，在十进制中，就需要计算基数10为底的数。也就是说，在二进制中可以认为基数2就是底。

那么二进制的 $10010_{(2)}$ 就可以写成 $10010_{(2)} = 1 \times 2^4 + 0 \times 2^3 + 0 \times 2^2 + 1 \times 2^1 + 0 \times 2^0$。实际进行计算的话，可以得出 $1 \times 16+0 \times 8+0 \times 4+1 \times 2+0 \times 1 = 18_{(10)}$ 的结果。接下来，将在程序中实现这一计算过程（程序清单2.14）。

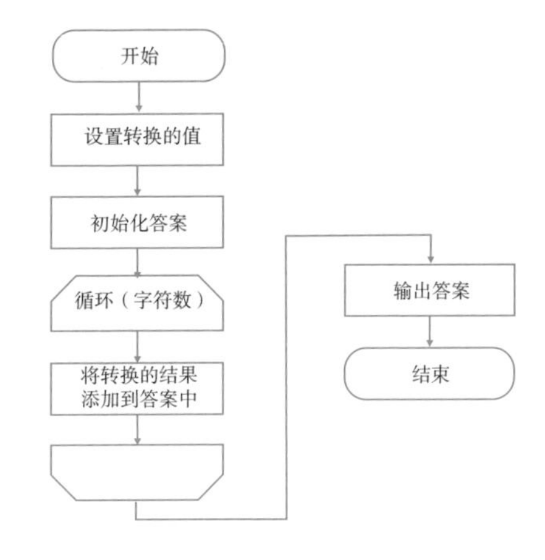

程序清单2.14 convert3.py

```
n = '10010'

result = 0
for i in range(len(n)):
    result += int(n[i]) * (2 ** (len(n) - i - 1))
              └─ 一个字符一个字符地提取   └───── 幂运算

print(result)
```

下面将对上述代码进行简要的说明。首先，for循环中使用了len函数对接收到的输入字符串进行循环处理。其中，从字符串的开头开始将字符逐个提取出来，并将该数字与基数的幂相乘。由于这里是对二进制数进行转换，因此基数就是2，它的幂就是i=0 时为4 次方，i=1 时为3 次方，i=2 时为2 次方。

执行结果　**执行convert3.py（程序清单2.14）**

```
C:\>python convert3.py
18
C:\>
```

如上述程序所示，我们可以通过几行简单的代码实现十进制到二进制的转换，以及二进制到十进制的转换，不过包括Python 在内的大多数编程语言都提供了可以实现这类转换的函数。

例如，在Python 中，将十进制转换成二进制时可以使用bin 函数（程序清单2.15）。此外，如果在int 函数的参数中指定2，就可以将二进制的字符串转换成十进制的数。

程序清单2.15　**convert4.py**

```
a = 18
print(bin(a))          ←十进制转换成二进制并进行显示

b = '10010'
print(int(b, 2))       ←二进制转换成十进制并进行显示
```

执行结果　**执行convert4.py（程序清单2.15）**

```
C:\>python convert4.py
0b10010
18
C:\>
```

上述代码中二进制的值是作为字符串处理的，如果在开头处添加“0b”，就可以作为整数类型的值进行处理（程序清单2.16）。

程序清单2.16　**convert5.py**

```
a = 0b10010            ←在二进制的值的前面加上0b
print(a)
```

执行结果　**执行convert5.py（程序清单2.16）**

```
C:\>python convert5.py
18
C:\>
```

像这样在开头处添加“0b”的数值表达方式，在大多数编程语言中都是可以使用的，建议牢记。

位运算

Python 中提供了对位运算的支持。位运算是指对整数进行的二进制的运算，可以对整数中所有的位数一次性地进行逻辑运算(图2.2)。

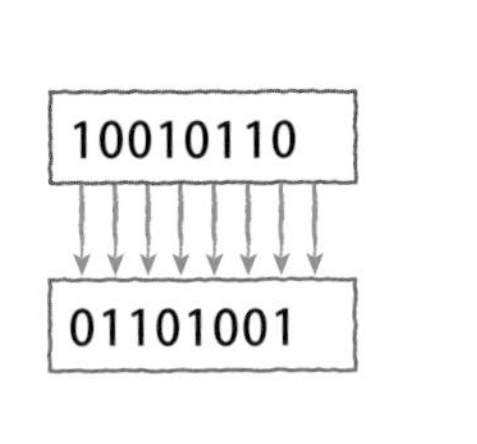

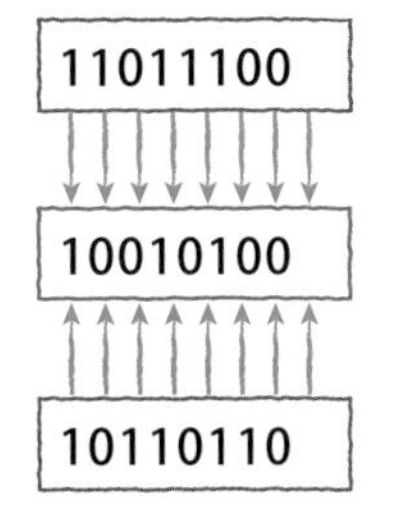

对每个位使用同一逻辑运算进行一次性处理

图2.2 位运算

表2.5 中列举了具有代表性的位运算操作。

表2.5 位运算

运算	语法	例(a=1010, b=1100 时)
逻辑非(NOT)	~a	0101
逻辑与(AND)	a & b	1000
逻辑或(OR)	a | b	1110
逻辑异或(XOR)	a ^ b	0110

逻辑非也可以称为位反转，对于每个比特位中的值，0 会转换为1，而1会转换为0。例如，10010 会转换为01101。实际上，可以认为二进制左侧的位数上可以无限地被0 填充，那么反转，左侧的位数就可以无限地被1填充。如果是带符号的二进制数，通常的约定是最高有效位为1 时表示负数，因此在Python 中进行位反转操作时也会发生正负翻转。

逻辑与是在两个相同长度的位串中，对同一位置中的每个比特位进行如表2.6 所示的AND 运算。只有当两个数都是1 时转换成1，其中任意一个数为0 时转换为0。

逻辑或是在两个相同长度的位串中，对同一位置中的每个比特位进行如表2.6 所示的OR 运算。只有当两个数都为0 时转换成0，其中任意一个数为1 时转换为1。

逻辑异或是在两个相同长度的位串中，对同一位置中的每个比特位进行如表2.6 所示的XOR 运算。当两个数相同时就转换为0，不同时则转换为1。

表2.6 AND、OR、XOR 的运算

AND 运算

AND	0	1
0	0	0
1	0	1

OR 运算

OR	0	1
0	0	1
1	1	1

XOR 运算

XOR	0	1
0	0	1
1	1	0

此外，在Python中还提供了可以将比特位进行左右移动的位移运算。往左移动的位称为向左移位，往右移动的位称为向右移位（图2.3）。

图2.3　位移运算

向左移位是将所有的比特位按照指定的数字往左边移动，在最右边空出的位置上用0进行填充。以二进制为例，向左移1位就是乘2，左移2位就是乘4，左移3位就是乘8。

相反地，向右移位则是将所有的比特位按照指定的数字往右边移动。在二进制中，与左移相反，每向右移动1位就会变成原来的1/2。要实现上述运算，可以采用下面代码中的实现方法。

执行结果　**位运算的示例**

```
C:\>python
>>> a = 0b10010
>>> print(bin(~a))          ←逻辑非
-0b10011
>>> b = 0b11001
>>> print(bin(a & b))       ←逻辑与
0b10000
>>> print(bin(a | b))       ←逻辑或
0b11011
>>> print(bin(a ^ b))       ←逻辑异或
0b1011
>>> print(bin(a << 1))      ←向左移位
0b100100
>>> print(bin(b >> 2))      ←向右移位
0b110
>>>
```

2.5 质数的判断

√ 掌握使用数学软件库的方法。

√ 掌握使用列表闭包语法的方法。

2.5.1 计算质数的方法

在众多数学家感兴趣的数字中，质数就是其中之一。所谓质数，是指除了1和它自身之外不包含其他因数的数。例如，2的因数为1和2，3的因数为1和3，5的因数为1和5，那么这里的2、3、5就是质数。然而，4的因数为1、2、4，6的因数为1、2、3、6，其中包含了除1和该数字本身之外的因数，因此4和6就不是质数。

众所周知，如果将质数按从小到大的顺序进行排列，存在如下所示的无数个质数。

```
2, 3, 5, 7, 11, 13, 17, 19, 23, 29, 31, 37, 41, 43, 47, 53, 59, 61,
67, 71, 73, 79, 83, 89, 97, 101, 103, 107, 109, 113, 127, 131, 137,
139, 149, 151, 157, 163, 167, 173, 179, 181, 191, 193, 197, 199 …
```

如果需要判断某个数是否为质数，可以通过确认其因数的个数知晓。而因数可以使用小于该数字的自然数来进行除法计算，并通过是否可以整除来判断。例如，如果需要找出10的因数，只需要按照从1到10的顺序依次进行除法计算即可。

10 ÷ 1 = 10 余数0 → 可以整除

10 ÷ 2 = 5 余数0 → 可以整除

10 ÷ 3 = 3 余数1 → 无法整除

10 ÷ 4 = 2 余数2 → 无法整除

10 ÷ 5 = 2 余数0 → 可以整除

10 ÷ 6 = 1 余数4 → 无法整除

10 ÷ 7 = 1 余数3 → 无法整除

10 ÷ 8 = 1 余数2 → 无法整除

10 ÷ 9 = 1 余数1 → 无法整除

10 ÷ 10 = 1 余数0 → 可以整除

从上述计算可以看出，10可以被1、2、5、10整除，因此它就有4个因数。此外，要判断10是否为质数，只要找到了除了1之外可以整除的数就可以结束查找了。

如果知道10可以被2整除，那么很明显它也能被5整除。实际上，只要稍微思考一下就会知道，只要在小于该数的平方根的范围内进行查找就足以作出判断了。由于10的平方根是3.1…，那么要判断10是否为质数的话，只需要用2和3进行除法计算，确认是否可以整除即可。

2.5.2 编写判断质数的程序

首先将创建函数is_prime用于判断某个数是否为质数。这是一个如果输入的数是质数就返回True（真），不是质数则返回False（假）的函数（程序清单2.17）。

如果要一直搜索到平方根，就需要使用计算平方根的函数。Python中提供了包含很多数学相关函数的math模块，将其导入即可。平方根就可以使用其中的math.sqrt函数计算得出。

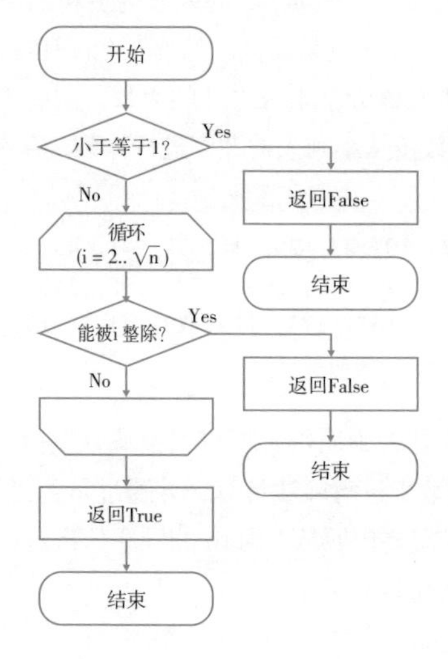

程序清单2.17 is_prime1.py

```
import math        ←导入数学模块用于计算平方根

def is_prime(n):
    if n <= 1:
        return False
```

```
    for i in range(2, int(math.sqrt(n)) + 1):   计算平方根
        if n % i == 0:        ←判断是否可以整除
            return False      ←可以整除就不是质数
    return True               ←用哪个数都不能整除时就是质数
```

首先，由于小于等于1的数就不是质数，因此最初的判断返回False。对于大于2的数，可以通过从2到该数字的平方根进行循环来判断是否可以整除。如果可以整除就不是质数，因此返回False。使用哪一个数都不能整除的就可以判断为质数，因此返回True。

之所以在循环的上限中进行了+1处理，是因为Python中的循环是不包含最后一个数的。接下来，将使用这个is_prime函数创建从1到200的整数中输出质数的程序（程序清单2.18）。

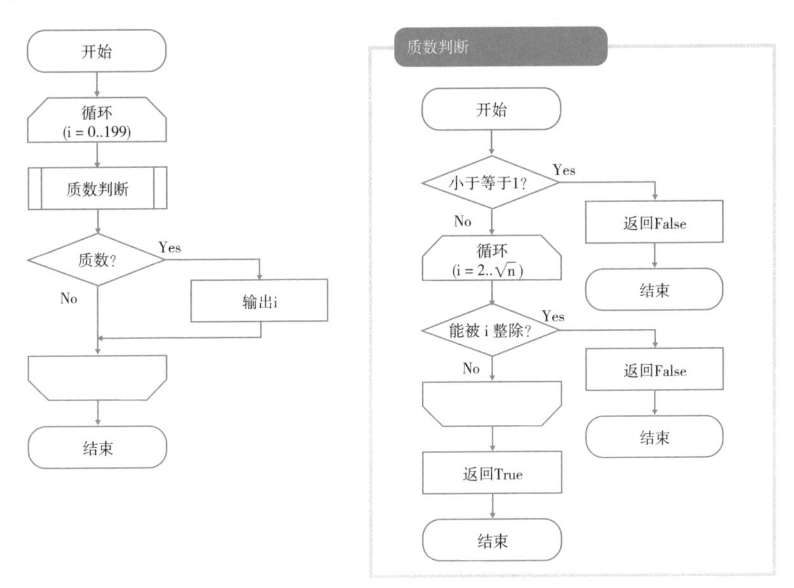

程序清单2.18　is_prime2.py

```
import math

def is_prime(n):
    if n <= 1:
        return False
    for i in range(2, int(math.sqrt(n)) + 1):
        if n % i == 0:
            return False
```

```
    return True

for i in range(200):
    if is_prime(i):    ←调用在上面已经定义好的函数
        print(i, end=' ')
```

执行结果　执行is_prime2.py（程序清单2.18）

```
C:\>python is_prime2.py
2 3 5 7 11 13 17 19 23 29 31 37 41 43 47 53 59 61 67 71 73 79 83 89 ➥
97 101 103 107 109 113 127 131 137 139 149 151 157 163 167 173 179 ➥
181 191 193 197 199
```

※由于篇幅的限制，这里使用➥自动换行。

虽然这个方法非常简单，但是如果查找范围变得更为广泛，所需的处理时间也会变得更长。比如在笔者的计算机上查找到100000为止的质数，总共花费了0.5秒的时间。

2.5.3 思考加快质数计算速度的方法

在进行高效的质数计算的算法中，埃拉托色尼筛选法是比较有名的。这是一种在指定范围内将可被2整除的数、可被3整除的数、可被……整除的数依次进行排除的方法。

首先排除2的倍数，其次排除3的倍数，继续重复这样的操作，最后保留下来的就是质数（程序清单2.19），如图2.4所示。

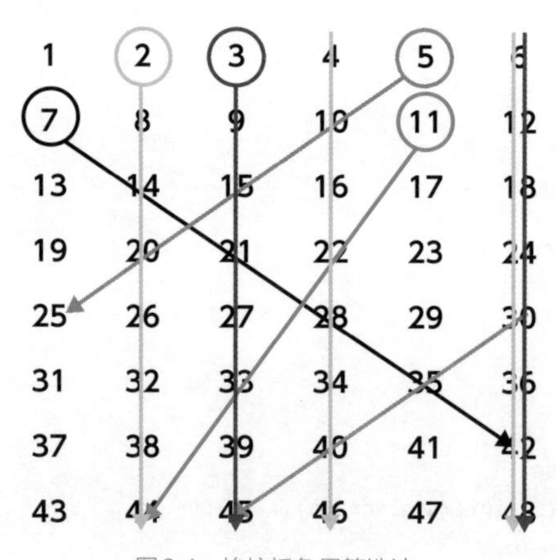

图2.4　埃拉托色尼筛选法

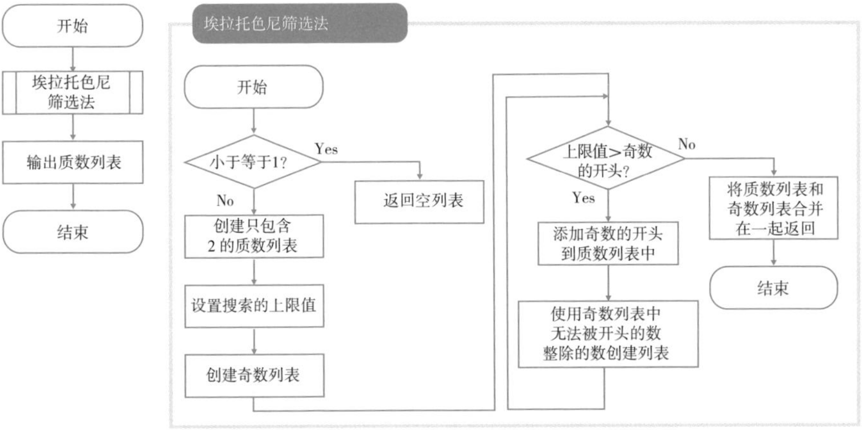

开始
埃拉托色尼筛选法
输出质数列表
结束

埃拉托色尼筛选法
开始
小于等于1?
Yes
返回空列表
No
创建只包含2的质数列表
设置搜索的上限值
创建奇数列表
上限值>奇数的开头?
No
将质数列表和奇数列表合并在一起返回
结束
Yes
添加奇数的开头到质数列表中
使用奇数列表中无法被开头的数整除的数创建列表

程序清单2.19 eratosthenes.py

```
import math

def get_prime(n):
    if n <= 1:
        return []
    prime = [2]
    limit = int(math.sqrt(n))

    # 创建奇数的列表
    data = [i + 1 for i in range(2, n, 2)]
    while limit > data[0]:
        prime.append(data[0])
        # 只提取无法被整除的数
        data = [j for j in data if j % data[0] != 0]

    return prime + data

print(get_prime(200))
```

使用这一方法，同样查找到100000为止的质数时，在笔者的计算机上只需要花费不到0.1秒的时间。不过随着查找范围的扩大，计算所花费的时间也会更多。

Memo SymPy 软件库

在Python中提供了名为SymPy的软件库，使用这个软件库可以更简单地实现对质数的处理。SymPy软件库不仅可以使用如下所示的Anaconda中的conda命令，也可以使用pip命令进行安装（关于conda命令和pip命令的相关知识，在附录A中进行了讲解）。

执行结果　SymPy软件库的安装

```
C:\>conda install sympy
```

或

```
C:\>pip install sympy
```

按照上述方法将这一软件库导入之后，就可以在指定范围对质数进行计算（程序清单2.20），以及对某个数是否为质数进行判断（程序清单2.21）。

程序清单2.20　sympy1.py

```
from sympy import sieve

print([i for i in sieve.primerange(1, 200)])     ←计算质数
```

执行结果　执行sympy1.py（程序清单2.20）

```
C:\>python sympy1.py
[2, 3, 5, 7, 11, 13, 17, 19, 23, 29, 31, 37, 41, 43, 47, 53, 59, 61, ➥
67, 71, 73, 79, 83, 89, 97, 101, 103, 107, 109, 113, 127, 131, 137, ➥
139, 149, 151, 157, 163, 167, 173, 179, 181, 191, 193, 197, 199]
C:\>
```

※由于篇幅的限制，这里使用➥自动换行。

程序清单2.21　sympy2.py

```
from sympy import isprime

print(isprime(101))     ←质数的判断
```

执行结果　执行sympy2.py（程序清单2.21）

```
C:\>python sympy2.py
True
C:\>
```

2.6 创建斐波那契数列

√ 在程序中使用递归计算数列。

√ 利用内存化加快处理速度。

2.6.1 何谓斐波那契数列

斐波那契数列是一种具有很多数学特征的数字序列，具体是指由前两项相加而成的数列。例如，1, 1, 2, 3, 5, 8, 13, 21 …这样无限持续的数列（1+1=2，1+2=3，2+3=5，3+5=8 …）。

用数学公式表示，可以写成如下所示的递推公式[注1]。

$$a_1 = a_2 = 1$$

$$a_{n+2} = a_{n+1}+a_n \ (n \geqslant 1)$$

从上面的内容中只能看出它仅仅就是一个数列而已，实际上它还具有很多有趣的特点。例如，如果把它当作图形来看，如图2.5所示。从最小的图形开始，将两个并排的小正方形作为另外一个大的正方形的一个边，重复这样的并排组合，最后得出的长方形的纵向和横向的长度就是斐波那契数列（图2.5中的正方形中标记的数字是正方形的边长）。

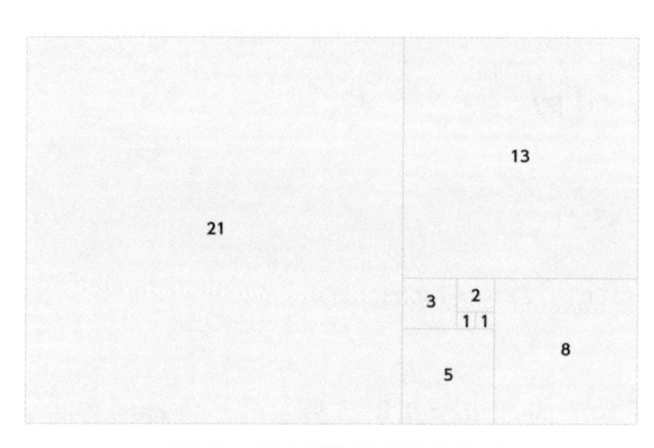

图2.5 斐波那契数列的长方形

注1 在数列中，表示连接前面的数字与后面的数字的规则的公式。

这一现象也出现在自然界中的鹦鹉螺旋涡中，根据这一尺寸绘制出来的扇形是呈螺旋状排列的（图2.6）。

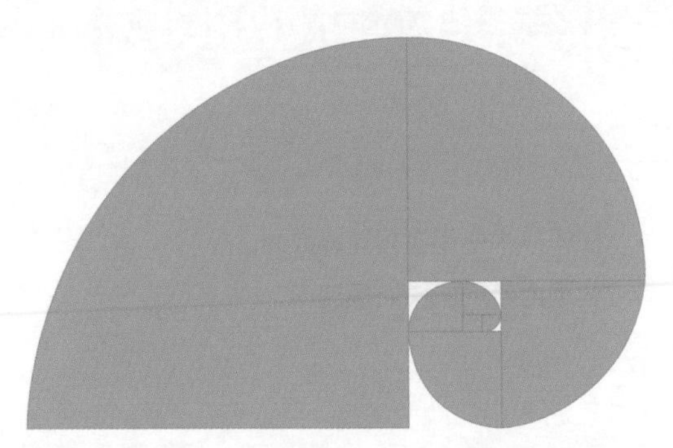

图2.6 出现在鹦鹉螺中的斐波那契数列

此外，如果计算斐波那契数列中两个项的比例（除以前一项的数），得到 $\frac{1}{1},\frac{2}{1},\frac{3}{2},\frac{5}{3},\frac{8}{5},\frac{13}{8},\frac{21}{13}\cdots$因此就是1, 2, 1.5, 1.666, 1.6, 1.625, 1.615 …这样持续的数字。这个值会不断地逼近1.61803…，这一比例称为黄金比。

而黄金比因其漂亮的比例从古至今被众人知晓，至今仍被广泛用于商标的设计等领域中。

2.6.2 编写程序计算斐波那契数列

下面将尝试使用程序对斐波那契数列进行计算。首先，我们将使用程序直接表示数列的定义。计算斐波那契数列的第n个数字的函数可以像程序清单2.22所示的那样实现。

这是一个像递推公式那样，对最开始的两项返回1，之后的项都返回前两项之和的函数。

程序清单2.22 fibonacci1.py

```
def fibonacci(n):
    if (n == 1) or (n == 2):
        return 1
    return fibonacci(n - 2) + fibonacci(n - 1)
```

上述代码是在函数的内部再次调用函数本身。这种编程方式称为递归调用。这里的重点是，调用函数中的参数需要使用小于原有参数的值。也就是说，需要考虑将大的处理分割成小的处理。

由于处理的内容是相同的，因此使用的是相同的函数。因为这是将处理的内容逐渐减少的一个过程，所以必然是可以处理完毕的。

使用递归调用，对于上述这样的程序代码可以非常容易地实现，这一点想必大家都是知道的。但是，为了能够结束处理，必须指定结束计算的条件（如果不指定结束条件，处理会无限地持续下去）。这里，我们设置的是当n=1或n=2时结束处理。

例如，使用n=6进行调用，程序就可以像程序清单2.23所示的那样实现。

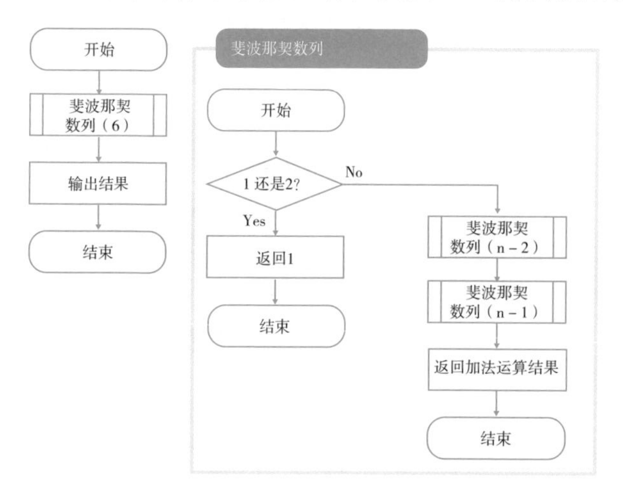

程序清单2.23 fibonacci2.py

```
def fibonacci(n):
    if (n == 1) or (n == 2):
        return 1
    return fibonacci(n - 2) + fibonacci(n - 1)

print(fibonacci(6))
```

执行结果 执行fibonacci2.py（程序清单2.23）

```
C:\>python fibonacci2.py
8
C:\>
```

指定了条件之后，程序会如图2.7所示进行处理，我们可以看到fibonacci函数多次被调用。

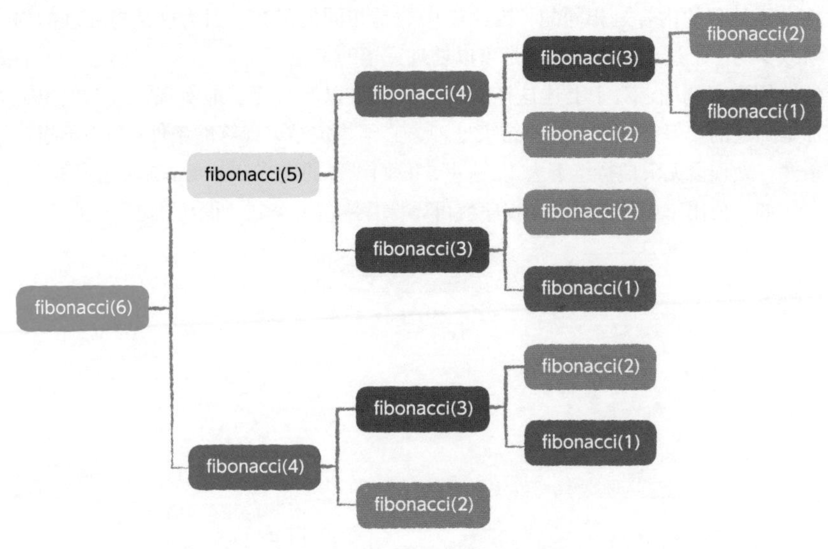

图2.7　被斐波那契数列调用的函数

右侧的fibonacci(1)和fibonacci(2)作为结束条件都是设置返回1，到这里就会结束计算。然后将函数各自的调用结果相加，就可以求出斐波那契数列的值。

使用这一函数可以顺利求出结果，不过，n的数值越大，完成处理所需的时间也会更多。例如，当n=35时，只需要几秒就能够得出结果，但是如果数值更大，花费的时间将会大幅度增加。

之所以时间会增加，是因为它对相同的值进行了多次计算。仔细确认图2.7，就可以发现fibonacci(4)的处理执行了两次，而fibonacci(3)则执行了三次。

然而，fibonacci(4)函数无论执行多少次，其返回值都是相同的。也就是说，第一次执行时就将结果进行保存，就无须进行第二次重复计算了。

2.6.3 利用内存化加快处理速度

为了解决上述程序中的问题，我们将尝试对计算的结果进行保存。如程序清单2.24中所示对代码进行修改。

程序清单2.24　fibonacci3.py

```
memo = {1: 1, 2: 1}                ←在字典中设置作为结束条件的值
def fibonacci(n):
    if n in memo:
        return memo[n]             ←如果已经保存到字典中，就会返回该数值
```

```
    memo[n] = fibonacci(n - 2) + fibonacci(n - 1)     ←如果没有保存到字典中，就会
    return memo[n]                                      在计算后将其保存到字典中
```

首先，我们将结束条件保存到名为memo的字典（关联数组）中。在函数fibonacci中，如果发现对应的值已经存在于memo字典中就返回该值，如果不存在于字典，就在计算之后将其保存到memo字典中，之后再返回保存在memo字典中的值。

进行这样的改进后，已经计算过的值就得以保存，第二次计算时只需要使用这一保存过的值即可。使用这个方法，无论n等于40还是50或是100，都可以一瞬间就计算出结果（虽然会是一个非常大的值）。

我们将这样的方法称为内存化，常用于解决迷宫等问题。此外，还有不使用递归，使用循环进行计算的方法。像斐波那契数列这样简单的问题，只要按顺序将数字添加到列表中，就可以进行计算。

例如，使用循环计算时，可以如程序清单2.25所示的那样实现。

程序清单2.25　fibonacci4.py

```
def fibonacci(n):
    fib = [1, 1]
    for i in range(2, n):
        fib.append(fib[i - 2] + fib[i - 1])

    return fib[n - 1]
```

可以看出，即使是计算相同的结果，也可以通过各种不同的算法来实现。而评估这些算法的优劣，不仅可以从处理速度方面考虑，还可以从源代码的可读性（可维护、易修改）等各种基准来考量。刚开始接触时可能会不知道应该选哪一种算法比较好，这种情况下建议尝试使用不同的算法去实现，并从各个方面加以比较。

在后续的章节中，我们将以处理速度为中心，对各种不同的算法进行比较。

理解程度Check！

●**问题1** 请编写可以输出从1950年到2050年之间的闰年的程序。可以根据下列条件判断哪一年是闰年。

- 可以被4整除的年份为闰年。
- 可以被100整除且无法被400整除的年份不是闰年。

例如，由于2019不能被4整除，因此不是闰年。2020可以被4整除，却无法被100整除，因此是闰年。2000可以被4整除，也可以被100整除，还可以被400整除，因此是闰年。

●**问题2** 请编写将公历年份作为参数，将其转换成日本年号进行输出的函数，二者对应关系见表2.7。

输入的公历年份范围是大于1869小于2020的数值。

此外，像昭和64年同样也是平成元年，平成31年同样也是令和元年，这样在同一年份中存在多个年号的情况时，请按照位于后面的年号进行输出。

例如，将2000指定为参数时，输出的就是“平成12年”。

表2.7

日本历	公历
明治元年	1868年
大正元年	1912年
昭和元年	1926年
平成元年	1989年
令和元年	2019年

学习关于算法复杂度的知识

在第2章中，我们对编写程序的基本方法进行了学习。在本章中，我们将对不同程序实现步骤所导致的处理时间的差异进行考量，并对处理时间的测算方法和思维方式等相关问题进行讲解。

3.1 计算成本与执行时间、时间复杂度

√ 理解随着循环深度的变化处理所需的时间也会变化。

√ 理解算法复杂度和大O表示法。

3.1.1 优秀的算法

所谓算法，是指解决问题的具体步骤。通常，即使是同一个问题也存在着多个不同的算法。不同的算法所需的计算时间也可能会有非常大的差别。即使是同一个算法，算法的执行时间也可能随着输入的数据量的变化而发生很大的改变。

例如，即使处理10份数据只需要一瞬间，处理1万份数据也不是件容易的事情。

对于这种情况，程序的处理时间会发生怎样的变化呢？是否当数据量成10倍、100倍增加时，处理时间也同样会增加10倍、100倍呢？还是说会变成100倍和1万倍呢？这就是判断一个算法是否优秀的决定标准。

可以说随着数据量的增加，算法的处理时间几乎不会增加的算法就是优秀的算法。假设现在需要对两个在输入数据相同的情况下，输出数据也相同的程序（算法A、B）进行比较，交付给程序的数据量n与相应的处理时间如下所示。

- 算法A的处理时间的增长与n^2成正比。
  (当输入数据的数量按照1,2,3⋯这样的步调增长时，处理时间按照1,4,9⋯这样的幅度随之增加)
- 算法B的处理时间的增长与n成正比。
  (当输入数据的数量按照1,2,3⋯这样的步调增长时，处理时间按照1,2,3⋯这样的幅度随之增加)

当我们对这两个算法的处理时间随着数据量的增加的变化进行考察时，得到的是如图3.1所示的结果，算法A随着数据量的增加处理时间也急速增长。例如，当数据的数量为1份时，算法A和算法B的处理时间都是1，但是当数据的数量是10份时，算法B的处理时间是10，而算法A的处理时间却变成了100。当数据量是100份时，算法B的处理时间是100，而算法A则变成了10000。由此可见，处理时间几乎不会增加的算法B是更为优秀的算法。

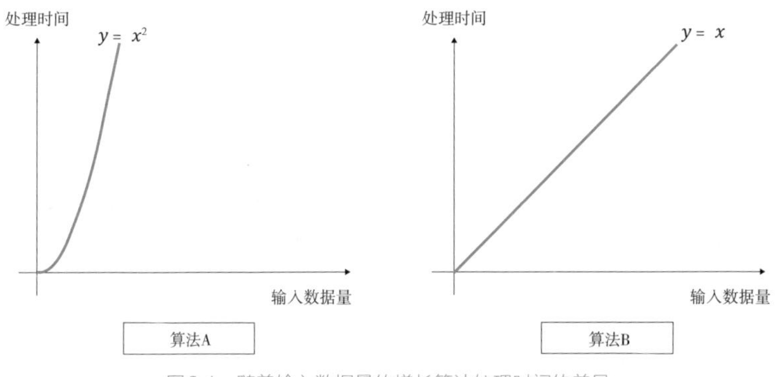

图3.1　随着输入数据量的增长算法处理时间的差异

在决定使用某一算法之前，掌握这一算法随着输入数据的数量的增加，处理所需的时间会发生怎样的变化是非常重要的。如果不对这个问题提前进行确认，当系统开始运行时，开始可能因为数据量很少一瞬间就能完成处理，但是一段时间后随着数据量的增加，处理时间会变得长到无法忍受，从而影响整个系统的运行。

3.1.2 如何测算处理时间的增长速度?

当我们需要对算法进行比较时，大脑中的第一反应一定是将算法编写成实际的程序来比较。编好程序并实际执行程序，我们就能很简单地对算法的处理时间进行测算。

将输入数据按照10份、100份、1000份这样的步调逐步增加的同时，对程序的执行时间进行测算，我们就能对算法处理时间的变化程度进行确认了。随着输入数据量的增长，计算时间将按照怎样的程度增加这一变化的倾向就变得显而易见。但是，这种方法也存在一个问题。

首先，如果不编写实际的程序我们就无法对算法的好坏进行判断。这就意味着在算法设计阶段，我们无法对合适的算法进行取舍。如果不编写程序就不知道算法的处理时间的话，开发完成之后万一出现问题就来不及修正了，最终很可能导致项目无法如期交付。

另外一个问题就是，如果用于执行程序的计算机变了，处理时间也会发生变化。

开发人员使用的计算机由于性能很高1秒钟就能执行完毕，而到了用户的计算机上可能需要执行10秒钟。

同样的问题也可能发生在开发所使用的编程语言发生了变更的场合。同样的算法使用C语言编写速度虽然很快，但是使用诸如Python这类脚本语言编写则可能执行速度非常慢。

此类由于环境和编程语言的差异而导致的处理时间的变化，与算法本身是没有任何关系的，因此不能当作评估算法性能的指标。

3.1.3 用于评估算法性能的算法复杂度

为了能够在不依赖于特定环境和编程语言的情况下对算法的性能进行评估，我们就需要使用到算法复杂度这一思维方式。这里用了复杂度这个词（computational complexity）表示计算的复杂程度。计算复杂度具体又可分为时间复杂度和空间复杂度等不同的度量方式（图3.2）。

时间复杂度是指程序在进行处理的过程中所需耗费的时间，而空间复杂度则是指程序执行的过程中需要使用多少内存。例如，用于计算质数的程序如果是采用提前计算好质数表的方式实现，那么虽然执行只需一瞬间即可完成，但是却需要占用大量的内存空间。

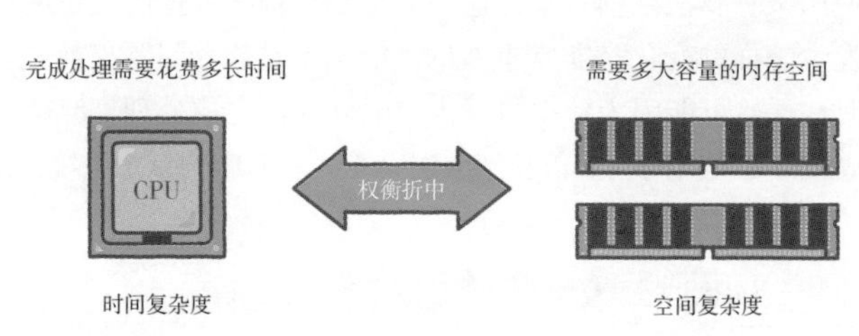

图3.2　时间复杂度与空间复杂度

通常当我们提到复杂度时都是指时间复杂度。因此，在本书中所有提到复杂度的地方指的都是时间复杂度。

此外，除了时间复杂度和空间复杂度之外，还有通信复杂度、电路复杂度等概念，感兴趣的读者可自行查阅。

时间复杂度可以通过命令执行的次数进行测算。在实际中统计准确的次数是不现实的，因此通常都是使用步数（step）这一基本单位进行表示。也就是说，我们只需要对程序执行到处理完毕总共执行了多少次这一基本单位的处理进行统计，并将其作为计算时间。

3.1.4 测算 FizzBuzz 的复杂度

我们将对第2章中讲解的FizzBuzz的复杂度进行评估。最初所使用的代码如程序清单3.1所示。

程序清单3.1　fizzbuzz1.py

```
for i in range(1, 51):
    print(i, end=' ')    ←依次输出从1到50的数值
```

在for循环从1到50进行反复执行的过程中，print语句在每次循环中都会被执行一次。假设print语句执行一次所需的时间为a，那么程序整体的执行时间就为$a \times 50$。

接下来看一下最终的程序代码（程序清单3.2）

程序清单3.2　fizzbuzz5.py

```
for i in range(1, 51):
    if (i % 3 == 0) and (i % 5 == 0):
        print('FizzBuzz', end=' ')
    elif i % 3 == 0:
        print('Fizz', end=' ')
    elif i % 5 == 0:
        print('Buzz', end=' ')
    else:
        print(i, end=' ')
```

如果print语句执行一次所需的时间为a，if语句执行一次所需的时间为b，那么程序整体的处理时间就为$(a+b) \times 50$。

3.1.5 测算乘法运算的复杂度

接下来，对九九乘法运算的程序复杂度进行测算。在程序清单3.3所示的代码中，是对两个数字依次进行乘法运算，并输出结果到屏幕上的程序。

程序清单3.3　multi1.py

```
n = 10
for i in range(1, n):                                    ←对第一个数在1到n之间重复
    for j in range(1, n):                                ←对第二个数在1到n之间重复
        print(str(i) + '*' + str(j) + '=' + str(i * j))  ←输出乘法计算结果
```

执行结果　**执行multi1.py（程序清单3.3）**

```
C:\>python multi1.py
1*1=1
1*2=2
1*3=3
1*4=4
1*5=5
1*6=6
1*7=7
1*8=8
1*9=9
2*1=2
2*2=4
2*3=6
…
9*5=45
9*6=54
9*7=63
9*8=72
9*9=81
C:\>
```

在上述程序中使用了双重循环，位于内部的循环执行n次，然后在外部循环中再分别对每个内部循环重复执行n次。也就是说，如果乘法运算和print语句执行一次所需的时间为c，乘内部循环的次数后为$c \times n$，再继续乘外部循环所得到的总体处理时间为$c \times n \times n = cn^2$。

在FizzBuzz中只包含一重循环，比较之下可见当n变大时，乘法运算的步数会急剧增加（图3.3）。

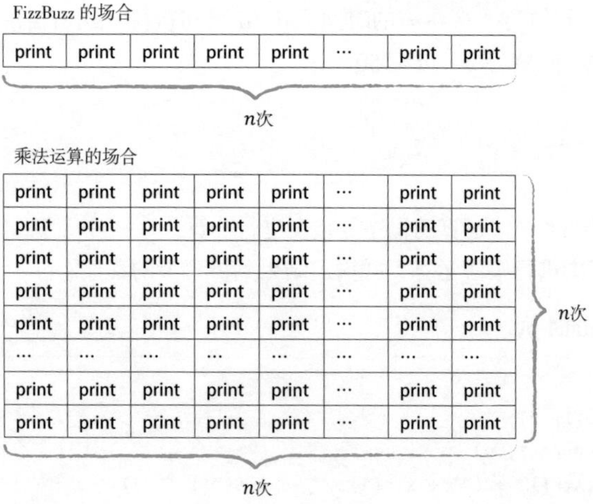

FizzBuzz 的场合

print	print	print	print	print	…	print	print

n次

乘法运算的场合

print	print	print	print	print	…	print	print
print	print	print	print	print	…	print	print
print	print	print	print	print	…	print	print
print	print	print	print	print	…	print	print
print	print	print	print	print	…	print	print
…	…	…	…	…	…	…	…
print	print	print	print	print	…	print	print
print	print	print	print	print	…	print	print

n次（行） n次（列）

图3.3　FizzBuzz 的复杂度与乘法运算的复杂度示意图

3.1.6 测算求体积运算的复杂度

接下来，让我们思考一下计算长方体的体积的算法复杂度。当给定了长、宽、高这三个参数时，对给定的长方体的体积进行长 × 宽 × 高的乘法运算（图3.4）。

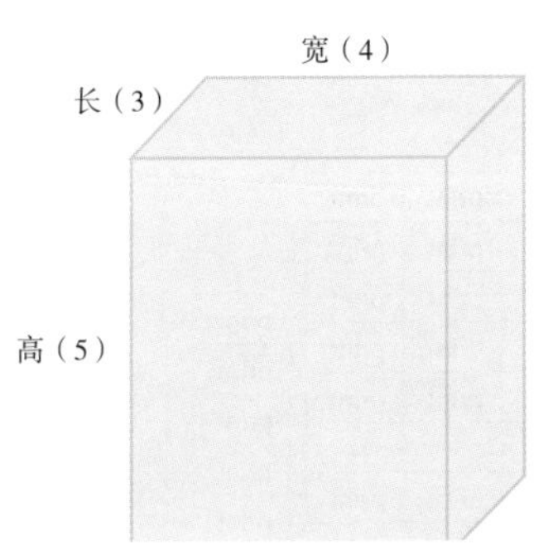

例 长3cm、宽4cm、高5cm的情况下
体积为 $3 \times 4 \times 5 = 60(cm^3)$

图3.4 计算长方体的体积

当长方体的长、宽、高分别发生变化时，计算相应的长方体体积的程序如程序清单3.4所示。

程序清单3.4 multi2.py

```
n = 10

for i in range(1, n):                          ←长方体长从1到n变化
    for j in range(1, n):                      ←长方体的宽从1到n变化
        for k in range(1, n):                  ←长方体的高从1到n变化
            print(str(i) + '*' + str(j) + '*' + str(k) + \
                  '=' + str(i * j * k))        ←输出计算得到的体积
```

执行结果 执行multi2.py（程序清单3.4）

```
C:\>python multi2.py
1*1*1=1
1*1*2=2
1*1*3=3
1*1*4=4
1*1*5=5
…
9*9*5=405
9*9*6=486
9*9*7=567
```

```
9*9*8=648
9*9*9=729
C:¥>
```

上述程序从第三行代码开始，使用了三重循环，每个循环需要重复执行 n 次。假设乘法运算和输出结果所需的执行时间为 d，那么这部分代码的处理时间就为 $d \times n \times n \times n = dn^3$（图3.5）。

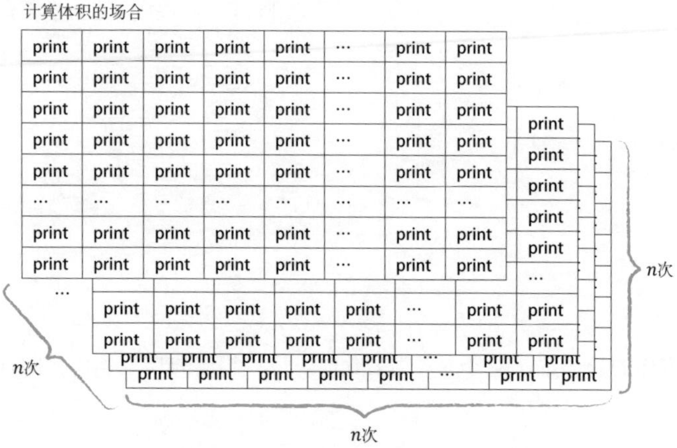

计算体积的场合

图3.5　体积计算的算法复杂度示意图

3.1.7 对算法复杂度进行比较

在程序清单3.2 、程序清单3.3 和程序清单3.4 的处理中，print 和if 等单个命令的执行时间与输入数据的数量是无关的。随着输入发生变化的只有数据的数量 n，而 n 的值越大所产生的影响也就越大。也就是说，对于那些随着数据数量的增加计算时间不会发生变化的处理，在进行算法复杂度的比较时可以直接忽略。

另外，当乘法运算和计算体积的处理存在于同一个程序中时，花费的处理时间更长的是计算体积的处理。当 n 的值较小时，二者处理时间上的差异并没有那么明显；当 $n = 10$ 时，乘法运算的处理时间是100，而体积计算是1000；当 $n = 100$时，乘法运算是10000，而体积计算则增加到了1000000。在这种情况下，乘法运算所占的处理时间就显得微不足道了，因此可以予以忽略。

像这样将那些对整体的算法复杂度影响不大的部分进行忽略，对算法复杂度进行描述的方法中比较常用的是大O 表示法，使用大写的O这一符号。这个符号也经常被称为朗道符号。

例如，FizzBuzz 的算法复杂度可记为 $O(n)$，乘法运算的复杂度为 $O(n^2)$，体积计算的复杂度为 $O(n^3)$。采用这种表示方法后，当我们看到算法复杂度分别为 $O(n^2)$ 和 $O(n)$ 的两个算法时，马上就会知道复杂度为 $O(n)$ 的算法的计算时间更短。

此外，相对于输入的大小 n 的变化，相应的计算时间的变化程度也是可以想象得到的。当我们需要对多个算法进行比较时，可以很容易对各个算法所需的处理时间进行把握（表 3.1）。关于 log 我们将在 4.2.2 小节中进行讲解。

表 3.1　比较算法的阶

处理时间	算法的阶	算法示例
短	$O(1)$	访问列表等操作
↑	$O(\log n)$	二分查找等
¦	$O(n)$	线性查找等
¦	$O(n \log n)$	合并排序等
¦	$O(n^2)$	选择排序、插入排序等
¦	$O(n^3)$	矩阵的乘法运算等
↓	$O(2^n)$	背包问题等
长	$O(n!)$	旅行推销员问题等

另外，这里使用 for 和 while 等语句中的循环次数对程序步数进行了粗略的计算。通常这种做法是没问题的，但是如果需要用严谨的数学方式去定义，就需要先用图灵机等装置对计算这一思维方式进行定义。有关这部分的内容属于专业书籍所涵盖的范畴，本书中不作赘述。

3.1.8 最坏时间复杂度与平均时间复杂度

即使输入的是类似的数据，程序也可能因为内容的不同而导致处理所需的时间发生大幅度的变化。

例如，在计算质数的时候，判断 1000000 这个数是否是质数的处理一瞬间即可完成。由于 1000000 是偶数，既然能被 2 整除就说明这个数不是质数。然而，对于 1000003 这个数是否也是质数的判断就没那么容易了。我们需要尝试从 2 开始一直计算到 1000 是否能整除才能判断出这个数是否是质数。而且，我们会发现其中的任意一个数都无法整除，由此可知这个数是质数。

如上所述，根据不同数据，算法的复杂度也可能会发生很大的变化，因此就需要对其中最花时间的数据的复杂度进行考量。我们将其称为最坏时间复杂度。在对算法的性能进行评估时，通常都是以这个最坏时间复杂度为基准进行的。

此外，在对各种不同的数据进行评估时，还会使用到平均时间复杂度这一对平均所需的时间复杂度进行评估的指标。当可能会导致最坏时间复杂度的数据非常少，甚至几乎不会发生时，我们通常都会采用平均时间复杂度这一指标。

3.2 数据结构所造成的复杂度差异

√ 了解列表(数组) 与链表在数据结构上的区别。

√ 理解读取、插入、删除等操作中复杂度的差异，掌握选择合适的数据结构的方法。

3.2.1 链表的思维方式

当我们需要对相同类型的多个数据进行保存时，大多数情况下都会使用列表（能够添加/删除元素的数组）这一数据结构。然而，根据所处理数据的内容以及所使用算法的不同，有时需要使用比列表更好的数据结构。

例如，可以使用如图3.6所示的链表（linked list）结构。在链表结构中，每个元素中不仅需要保存数据，同时还需要保存指向下一个元素的地址（位置信息）。

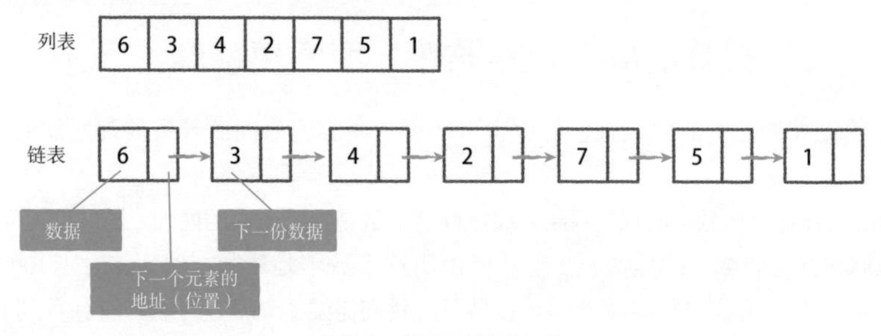

图3.6 列表（数组）与链表

在链表中对某个元素进行访问，不仅能取得其中的数据，还能得到下一个元素所在的地址。如果进一步访问这个地址，就能得到下一个元素中的数据以及再下一个元素的地址。

3.2.2 使用链表进行插入

当需要向列表中插入数据时，需要将位于插入位置之后的数据依次往后挪动一个位置。具体的操作如图 3.7 所示。

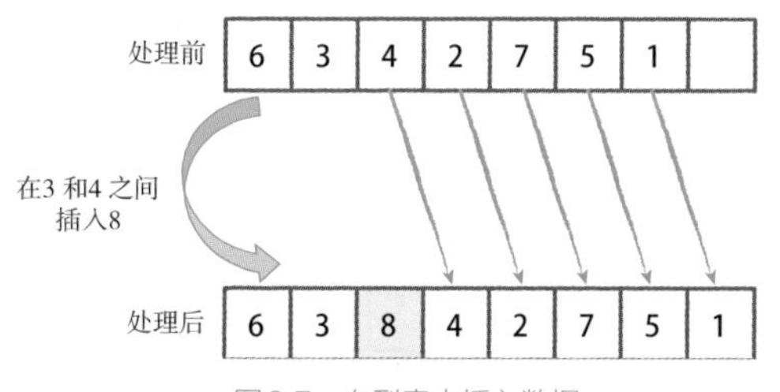

图3.7　向列表中插入数据

也就是说，当数组中保存的元素数量为 n 时，为了向后挪动数据需要循环处理的次数最大可能为 n 次，因此列表的插入操作的算法复杂度为 $O(n)$。

但是，如果使用链表进行处理，就不需要挪动数据（图 3.8）。只需将要插入数据的位置前面一位的元素中所包含的指向下一个元素的地址 A，设置到需要插入的元素中指向下一个元素的地址中。然后，将位于前面的元素中所包含的指向下一个元素的地址修改成需要插入的元素的地址即可。

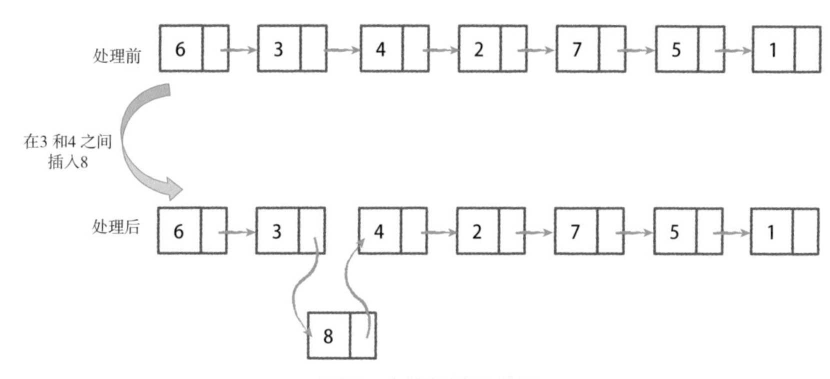

图3.8　向链表中插入数据

通过上述方式，无论链表中所包含的元素数量有多少，都可以在固定的时间内完成插入操作。也就是说，使用链表结构进行插入的算法复杂度为 $O(1)$。

3.2.3 使用链表进行删除

元素的删除操作也是一样的。当从列表中删除元素时，由于元素删除后的位置变成了空白，因此需要将位于其后的所有数据全部依次往前挪动一个位置（图3.9）。

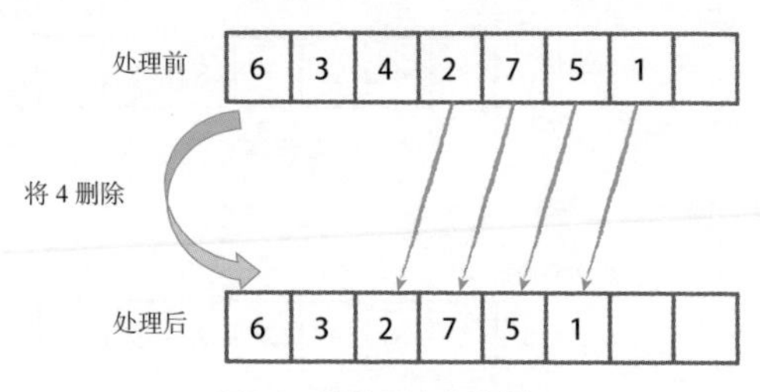

图3.9　删除列表中的数据

也就是说，在列表中进行元素删除操作的算法复杂度与插入操作相同，也是O(n)。

但是，如果使用链表，即使是删除元素也不需要移动数据。如图3.10所示的删除操作，为了删除包含4这一数据的元素，需要将4所包含的下一个元素（2）的地址，设置到位于其前一位的包含数据3的元素中指向下一个元素的地址中。将3和2连接在一起，这样一来4就从链表中消失了，元素的删除操作也就完成了。

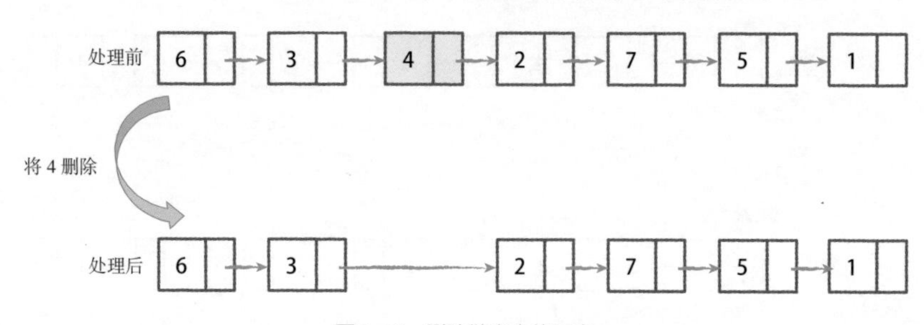

图3.10　删除链表中的元素

也就是说，在链表中进行删除操作的算法复杂度为O(1)。

3.2.4 使用链表进行读取

如果从插入和删除操作的处理速度看，链表似乎是一种非常高效的数据结构，而实际上链表不仅有优点也同样有缺点。接下来，让我们思考一下在链表中进行数据读取的操作。

在程序中读取从开头数第n个位置的元素，如果采用的是列表结构，那么只要指定元素编号就可以实现。也就是说，指定索引读取列表中的元素的算法复杂度为 O(1)。

而如果要在链表中读取第 n 个位置中的元素，则需要从链表的开头依次访问 n 个元素才能找到需要读取的内容。也就是说，在链表中指定索引读取数据的算法复杂度为 O(n)，链表中所包含数据越多，完成处理所需的时间也就越长。

3.2.5 列表与链表的灵活运用

上述内容经过整理后，就得到了表 3.2 。

表 3.2　列表与链表的算法复杂度的对比

	读取数据	插入数据	删除数据
列表	O(1)	O(n)	O(n)
链表	O(n)	O(1)	O(1)

在链表中即使是进行插入和删除操作，要做到在 O(1) 的复杂度内完成处理的前提是事先知道需要进行插入和删除的具体位置。如果事先无法得知具体的位置，那么为了查找这个位置就需要花费 O(n) 的处理时间。

因此，在实际应用中需要灵活地选择是使用列表还是链表处理数据。如果说只需要直接访问任意位置的数据并读取其中的数据，或者对这一位置上的数据更新比较频繁的情况下，使用列表显然是更好的选择。

而另一方面，如果是只需要从前往后依次处理数据，或者数据的添加、删除操作发生比较频繁，那就应当选择使用链表。

3.3 算法的复杂度与问题的复杂度

√ 理解即使是相同的问题，不同的解决方法所需的处理时间可能不同的原因。

√ 认清即使是计算机也有无法解决的难题这一事实。

3.3.1 算法复杂度分类

算法复杂度实际上完全是由编写的算法代码中的步数决定的。例如，在对矩阵进行乘法运算时，大家都知道比之前的 $O(n^3)$ 的算法更为高效的算法是存在的。

在计算质数的程序中，通常所使用的算法与埃拉托斯特尼筛法的算法阶数是完全不同的。如果事先准备一份质数一览表，那么使用时间复杂度为 $O(1)$ 的算法就能实现，但是相应的空间复杂度也增加了。

由此可见，如果按照时间复杂度来考虑大O表示法，可以得到算法的复杂度与问题的复杂度是不同的这一结论。因此，为了对计算的复杂程度进行归纳分类，人们就引入了复杂度分类这一思维方式。复杂度分类中最基本的分类就是时间复杂度分类。

例如，$O(t)$ 时间复杂度分类指的是时间复杂度为 $O(t)$ 的所有问题，也可以说是时间复杂度在某一确定的函数以下的整个集合的分类。

从直观上看，也可以说是根据时间复杂度的大小来对问题进行分类。例如，像 $O(n)$、$O(n^2)$ 和 $O(n^3)$ 这样使用整数表示指数部分（搭在 n 的右肩上的数字）的复杂度称为多项式时间的阶，而通过多项式时间的阶能够解决的问题分类则称为P分类。

3.3.2 指数函数时间的算法

如果是在多项式时间内能够解决的问题，使用最新的计算机进行处理，在一定规模程度内一定能够完成处理。但是如果是指数部分中使用了 n，诸如 $O(2^n)$ 这样称为指数函数时间的算法，当 n 稍微有所增加时，处理时间都会大幅上升。

对于这类问题，最常见的一个例子就是背包问题。背包问题是指给定一组物品，每种物品都有自己的质量和价格，在限定的总质量内，如何选择最合适的物品放置在背包中才能使物品的价格最高。

例如，我们需要从表3.3所列出的五件物品中进行选择。当放入背包中物品质量的上限是15 kg时，选择合计金额最高的物品放入背包中，而且每种物品最多只能选择一个。

表3.3　背包问题的例子

物品	A	B	C	D	E
重量（kg）	2	3	5	6	8
价格	400元	200元	600元	300元	500元

如果从较重的物品开始选择，选D和E时二者的质量为14 kg符合质量上限的条件，此时物品的合计金额是800元。然而，如果选择B、C、D这三样物品，总质量同样也是14 kg，但是合计金额却能达到1100元，因此选择这三样物品最终的价格要更高。

考虑到需要选择价格最高的物品，因此如果选择A、C、E这三样，不仅满足最大15 kg这一限制条件，同时合计金额也达到了1,500元。

如果是上述五个物品程度的处理，靠手动计算就能简单地解决。我们需要对所有的选择方式进行统计，即依次判断是否将A放入背包、是否将B放入背包。如果总共有n个物品，总共就需要进行2^n次判断。因此，这一算法就是复杂度为$O(2^n)$的算法。

像这种每样物品只能选择一个的问题也被称为0–1背包问题，能够很好地解决这一问题的算法有好几种，建议大家自行查阅这些算法的具体实现。

3.3.3 计算阶乘所必需的算法

算法复杂度的增加速度比指数函数更快的就要数$O(n!)$算法了。$n!$表示的是n的阶乘，也就是对$n \times (n-1) \times (n-2) \times \cdots \times 2 \times 1$的结果进行计算。

如果将其与2^n的增加速度进行比较，见表3.4。当n增加时，阶乘的结果急剧增大。当目前的计算机都无法胜任2^n这样的指数函数的算法的处理，因此要实现能够解决阶乘问题的算法就更不现实了。

表3.4　指数与阶乘的增加量

n	3	5	7	9	11
2^n	8	32	128	512	2048
$n!$	6	120	5040	362880	39916800

使用阶乘来表示复杂度的算法中，比较著名的是所谓的旅行推销员问题。这个问题是假设有 n 个不同的城市，当每座城市之间的距离都已知时，求对每一座城市访问一次并最终回到出发城市所经过的移动距离最短的路径。

例如，现有A、B、C、D这四座城市，每座城市之间的距离如图3.11所示。

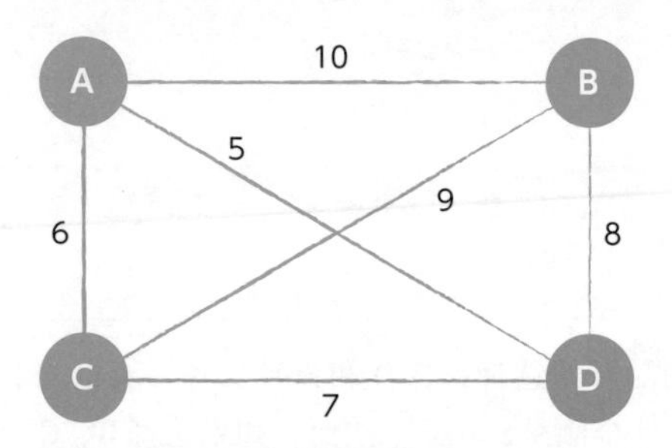

图3.11　旅行推销员问题的例子

在这种情况下，如果按照A→B→C→D→A的顺序进行移动，最终的移动距离就是(10 + 9 + 7 + 5)，结果为31。而如果按照A→C→B→D→A的顺序进行移动，最终的移动距离就是(6 + 9 + 8 + 5)，结果为28，是最短的移动路径。

如果城市只有这四座，解决这个问题还是非常轻松的，但是随着城市数量的增加，可以选择的路径也会急剧增加。如果总共有 n 个城市，最开始有 n 条路径可以选择，接下来除去已经选择的城市，还剩 $n-1$ 条路径可以选择，按照这个步骤依次计算，最终就需要花费 $O(n!)$ 的处理时间。

3.3.4 困难的P ≠ NP预测

对于旅行推销员问题，虽然在已知的算法中有比 $O(n!)$ 效率更高的算法，但是处理速度足以达到真正解决这一问题（在多项式时间内解决）的算法还没有找到。这种问题就属于NP困难问题。

所谓P分类问题，是指在多项式时间内能够解决的问题，而NP困难问题则属于比NP分类中的问题更加复杂的问题。这里所说的NP分类是指在不确定的多项式时间内能够解决的问题。

关于NP分类的细节我们不再作过多的阐述，总之到目前为止还没有任何算法可以有效地解决这类问题。而且，很多人认为P分类与NP分类是不可能相等的，也就是所谓的“P ≠ NP猜想”。这个问题在数学领域中是一个尚未得到解决的重要问题，曾被选为千禧年七大数学问题之一。

如果在多项式时间内解决像旅行推销员这样的NP困难问题的算法是存在的，那就说明P=NP是成立的。然而，绝大多数人都认为在多项式时间内能完成求解的算法是不存在的。

虽然有很多数学家都在尝试对P=NP 和P $\neq$ NP 这两个相反的结论进行证明，但是到目前为止还没有人找到真正的答案。如果P=NP 真的被证明是成立的，那么就意味着像RSA 算法这类安全性依赖于质因数分解困难的加密算法将变得不再安全，因此这个问题的答案还是非常令人向往的。

理解程度Check！

●**问题1** 请分别对下列三个程序的算法复杂度进行思考。

（1）

```
# 根据身高和体重计算BMI（表示肥胖度的体格指数）的函数
def bmi(height, weight):
    # 将身高(cm)的单位转换为米
    h = height / 100
    return weight / (h * h)
```

（2）

```
# 计算圆周率 π 的近似值的函数
# （在n × n 的正方形中，统计进入扇形范围内的数的数量）
def pi(n):
    cnt = 0
    for i in range(n):
        for j in range(n):
            # 根据勾股定理判断是否位于扇形内部
            if i * i + j * j <= n * n:
                cnt += 1
    # 从扇形转换为圆，因此乘以4
    return cnt * 4 / (n * n)
```

（3）

```
# 计算圆周率π的近似值的函数
# （π可由4 - 4/3 + 4/5 - 4/7 + 4/9 - 4/11 + ...这一表达式进行求解）
def pi(n):
    result = 4
    plus_minus = -1
    for i in range(1, n):
        result += plus_minus * 4 / (i * 2 - 1)
        # 将符号反转
        plus_minus *= -1

    return result
```

学习各种查找算法

我们将从大量数据中搜索出需要的数据的操作称为查找。在我们的日常生活中也经常会遇到需要查找某样东西的情形，而具体的查找方法也会根据需要查找的东西的不同或者数量大小的变化而改变。

接下来了解一下实际上都有些什么样的查找方法吧。

4.1 线性查找

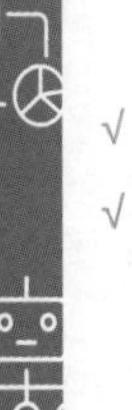

√ 掌握从列表中查找目标值的方法。

√ 体验当数据量较大时会出现的问题。

4.1.1 日常生活中的查找

查找操作并不局限于在编写程序的过程中所实现的查找。首先，让我们来思考一下日常生活中所发生的查找现象。

请大家尝试想象一下，当我们需要从钱包的零钱中找出100日元的硬币的情形。由于人类是可以识别颜色的，那么首先肯定是查找银色的硬币。而银色的硬币中不仅包括100日元的硬币，还包括50日元的硬币和500日元的硬币。当然，在现实生活中大家也不会在钱包里放很多硬币，因此哪怕是一枚一枚地查找，也是马上就可以找到的。

假设需要从字典或电话本中找到特定的关键字时，想必大家是按照字母的顺序来确认打开的页面是位于关键字前面的字母还是后面的字母来判断并翻页查找的。

接着再来想象一下，当我们去书店查找自己想要的书籍时的情形。在数量庞大的书籍中按照颜色去查找是非常麻烦的，而如果一本一本地进行查找，那么可能太阳都等不及要下山了。书店也不会将书籍按照标题的顺序进行排列，大多数情况下，我们都是根据书籍的分类先找到书架，然后再在其中进一步缩小搜索的范围。

综上所述，根据需要查找的东西不同，我们所选择的查找方法也会有所不同。然而，无论是哪种情形，只要将所有的东西排列并按顺序进行查找（只要不考虑所需花费的时间），终归是能够找到的。

4.1.2 编程中的查找

在编程中实现查找操作的思路也是一样的，如果数据已经保存在列表中，那么只需要从列表的开头到末尾依次进行查找，总是能够找到需要的数据。即使所需要的数据并不存在于列表中，最后也肯定能得到数据不存在这一答案。

上述方法就称为线性查找。由于它只是按顺序进行查找，因此程序的结构非常简单且易于实现，在数据量较少的情况下是一种行之有效的方法。

例如，假设我们需要编写如图4.1所示的查找目标值为40的程序。首先，程序会与50进行比较，如果数字匹配，就会结束查找；如果不匹配，程序就会继续与下一个数30进行比较，如果数字匹配，就会结束查找。反复进行这一操作，直到与40进行比较时，由于数字是匹配的程序就会结束查找。

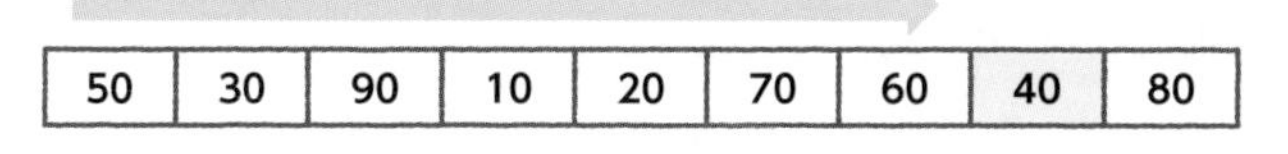

图4.1　从列表中查找目标值40

为了让程序进行上述处理，首先需要将数据保存在列表中。

```
data = [50, 30, 90, 10, 20, 70, 60, 40, 80]
```

然后，从列表的开头开始进行循环访问直至找到目标值40为止。当找到目标值时，程序会输出该数值的位置并结束处理；如果没有找到目标值，程序就会输出“Not Found”并结束处理。

在Python中对列表中的元素依次进行处理时，使用range函数可以很方便地实现对列表中的所有元素进行循环访问（程序清单4.1）。

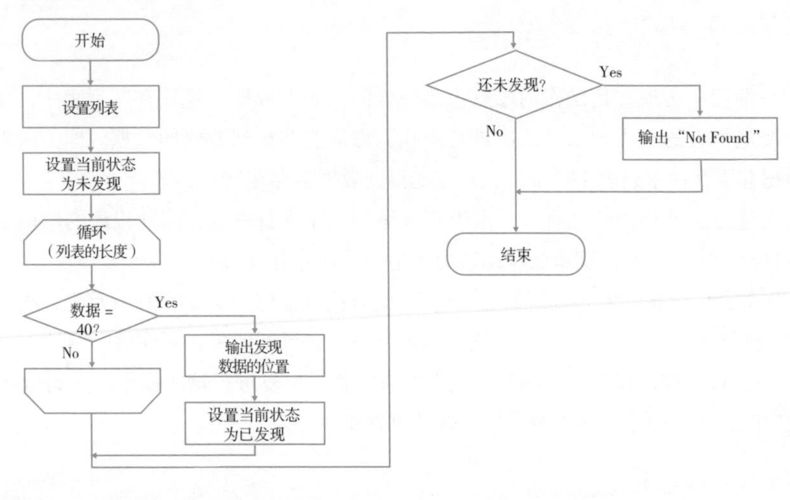

程序清单4.1　linear_search1.py

```
data = [50, 30, 90, 10, 20, 70, 60, 40, 80]
found = False                    ←管理处理状态（初始值为False）
for i in range(len(data)):
    if data[i] == 40:            ←与目标值是否一致
        print(i)
        found = True             ←将处理状态改为发现目标
        break

if not found:                    ←没有找到时
    print('Not Found ')
```

在这里使用found变量对是否发现了目标值的状态进行管理，如果没有找到目标值，就会输出"Not Found"。此外，如果找到了目标值，那么程序不仅会输出对应元素的位置信息，还会使用break提前结束循环操作。

执行结果　执行linear_search1.py（程序清单4.1）

```
C:\>python linear_search1.py
7
C:\>
```

4.1.3 定义执行线性查找的函数

虽然使用上述方法进行线性查找是非常简单的，但是还是可以将它封装成独立的函数来使用。不过这个函数并不是对使用变量是否成功找到的状态进行管理，而是在发现目标值的时候返回对应的位置。

例如，我们要创建的是将列表和目标值作为参数，返回目标值在列表中位置的函数（程序清单4.2）。当找到目标值时返回该数值的位置，没有找到时返回 -1。

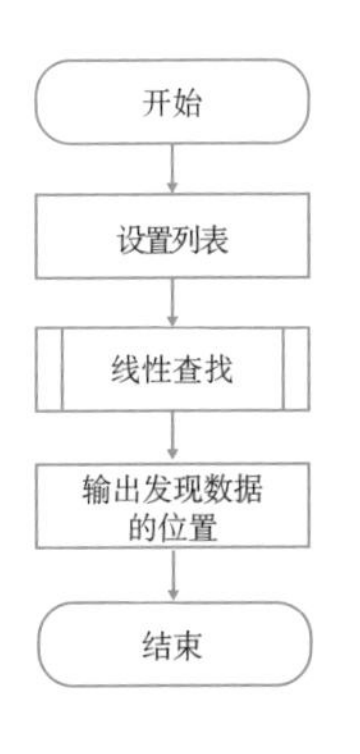

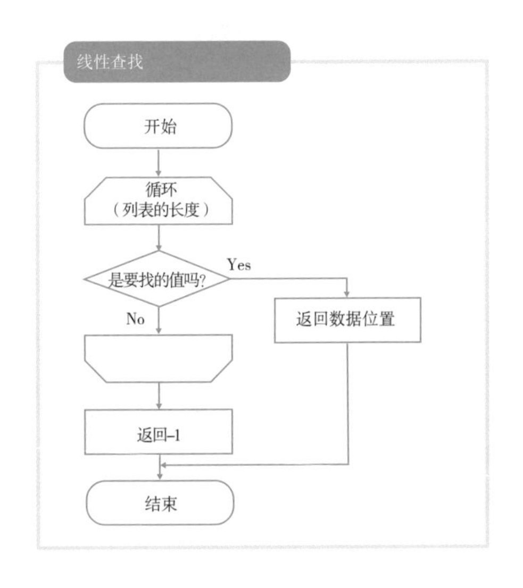

程序清单4.2　linear_search2.py

```
def linear_search(data, value):            ←对查找列表中目标值位置的函数进行定义
    for i in range(len(data)):
        if data[i] == value:               ←找到目标值时
            return i
    return -1                              ←没有找到目标值时返回 -1

data = [50, 30, 90, 10, 20, 70, 60, 40, 80]
print(linear_search(data, 40))
```

执行结果　执行linear_search2.py（程序清单4.2）

```
C:\>python linear_search2.py
7
C:\>
```

上述方法只是按照现有的顺序进行查找，因此可以说是一种非常容易理解的算法。但是，由于在找到目标值之前程序需要不断地查找，因此当数据数量增加时，完成处理所需的时间也会变长。

例如，假设数据数量为 n，如果一开始就找到了目标值，就只需要进行一次比较即可，如果到最后也没有找到目标值，就需要进行 n 次比较。这种情况下，比较次数的平均值可以通过将比较次数的合计除以数据数量计算得出$\frac{1+2+3+\cdots+n}{n}$，将上述公式整理一下，得到的就是需要进行$\frac{n+1}{2}$次的比较（请参考Column计算平均值）。最坏的情况是程序需要进行n次比较才能找到答案，也就是说是算法复杂度为$O(n)$。

Column

计算平均值

如果将$1+2+3+\cdots+n$反过来写，就是$n+(n-1)+(n-2)+\cdots+1$，下面将这两个公式进行纵向相加。

$$\begin{array}{ccccccccc} 1 & + & 2 & + & 3 & +\cdots+ & n \\ n & + & (n-1) & + & (n-2) & +\cdots+ & 1 \\ \hline (n+1) & + & (n+1) & + & (n+1) & +\cdots+ & (n+1) \end{array}$$

这样一来，就得到了n个$n+1$，它们的和就是$n(n+1)$。这里为了在纵向相加将逆向排列的各项相加，结果再除以2就可以得到如下所示的公式。

$$1+2+3+\cdots+n=\frac{n(n+1)}{2}$$

比较次数的平均值就是将这个公式的两边除以n而得出的结果。

$$\frac{(1+2+3+\cdots+n)}{n}=\frac{n+1}{2}$$

4.2 二分查找

√ 体验二分查找比线性查找的处理时间大幅缩短。

√ 理解事先进行排序处理的必要性。

4.2.1 将查找范围分成两半

如果说有什么办法可以在即使数据量增加的情况下也可以实现高速处理，我们首先能想到的就是类似查字典和查电话簿的方法，也就是当看到某个值时，判断目标值是位于这个值的前面还是后面的方法。要使用这一方法，就需要按照拼音等排序规则对数据进行排列。

这里，我们将数据按照如下所示的升序形式存储在列表中。

```
data = [10, 20, 30, 40, 50, 60, 70, 80, 90]
```

接下来，将尝试查找40这个值（图4.2）。首先与位于中心的值50进行比较，由于40是比它更小的数，因此只需要在50前面的数字中查找即可。然后再与位于10、20、30、40中心的20进行比较，由于40比20更大，因此，就需要在后半部分的数据中继续查找。

接下来是与30进行比较，之后继续在后半部分中查找。再与40进行比较，如果数字是匹配的，就可以结束查找。像这样将查找范围分割成前后两部分，反复地进行查找。我们在这里总共进行了4次比较操作。

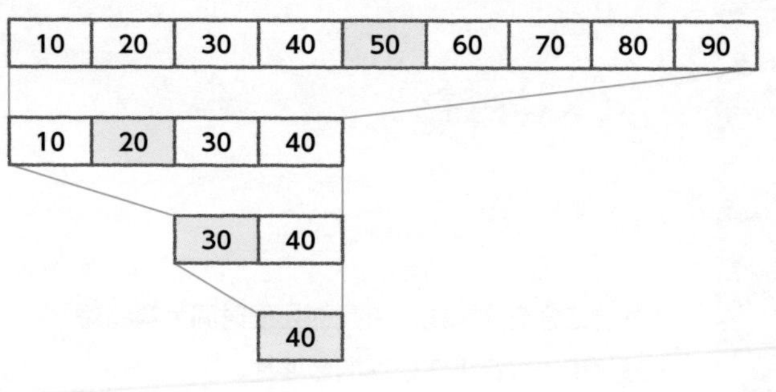

图4.2 二分查找

二分查找就是像这样在升序排列的数据中，对目标值是位于中心值的右边还是左边进行反复的判断。下面将尝试编写Python代码来实现这一算法（程序清单4.3），从列表的左边到右边，将查找的位置分成两部分不断地缩小范围进行查找。

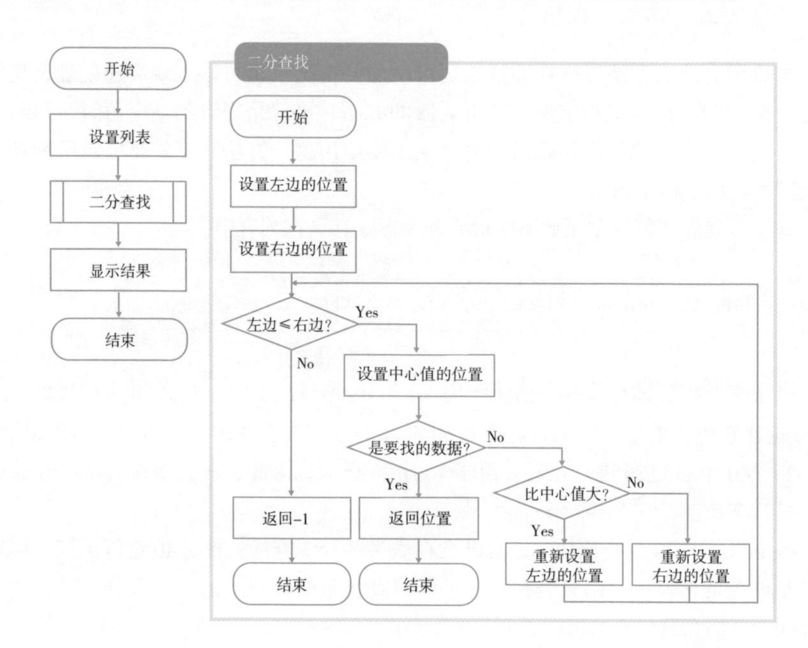

程序清单4.3　binary_search.py

```
def binary_search(data, value):
    left = 0                              ←设置查找范围的起点
    right = len(data) - 1                 ←设置查找范围的终点
    while left <= right:
        mid = (left + right) // 2         ←计算查找范围的中心位置
        if data[mid] == value:
            # 与中心位于值一致时，返回位置
            return mid
        elif data[mid] < value:
            # 大于中心值时，改变查找范围的起点
            left = mid + 1
        else:
            # 小于中心值时，改变查找范围的终点
            right = mid - 1
    return -1                             ←没有找到时

data = [10, 20, 30, 40, 50, 60, 70, 80, 90]
print(binary_search(data, 90))
```

执行结果　执行binary_search.py（程序清单4.3）

```
C:\>python binary_search.py
8
C:\>
```

在这里使用left和right这两个变量将查找的范围缩小。当查找到的值与目标值匹配时就返回该值的位置，如果不匹配时再重新对left和right的值进行设置。

4.2.2 思考数据量增加时的比较次数

乍一看，大家可能会认为这是在进行复杂的处理，但从图4.2中可以看出，查找范围在不断缩小。这个效果可以在数据量增加时所需执行的比较次数中体现出来。

比较一次之后查找范围就会减半，也就是说，即使列表中的数据变成了两倍的量，最大的比较次数也只增加一次而已。这里可以使用数学中对数的概念，对数和指数是两个相反的概念。例如，从$y = 2^x$中计算x的公式可以定义成$x = \log_2 y$。

正如在第3章中讲解过的一样，当右肩上的（上标）值增加时，指数会急速增大，像$2^1 = 2$，$2^2 = 4$，$2^3 = 8$这样一直增加，就会变成$2^{10} = 1024$，$2^{16} = 65536$。与此相反，对数则是$\log_2 2 = 1$，$\log_2 4 = 2$，$\log_2 8 = 3$的形式，像$\log_2 1024 = 10$，$\log_2 65536 = 16$这样，即使log里面的数字增加了结果也不会有太大的变化。

实际上，将 $y = x$ 和 $y = \log_2 x$ 绘制成曲线，会得到如图 4.3 所示的结果。而 $y = 2^x$ 的曲线是与 $y = \log_2 x$ 的曲线以 $y = x$ 为中心呈对称分布的，从图 4.3 中可以看到，当 $y = \log_2 x$ 时，即使 x 的值增加，y 的值也不会增加太多。

使用二分查找，由于比较次数的增长方式是对数级的，因此即使当数据数量增加到 1000 个左右时，所需执行的比较次数也只有 10 次左右，而当数据数量增加到 100 万个时，比较次数也只有 20 次左右而已。而使用线性查找，当数据数量是 1000 个时，所需执行的比较次数是 1000 次；当数据数量达到 100 万个时，比较次数也会达到 100 万次。对这两种查找方法进行比较，我们可以看到前者具有压倒性的优势，如图 4.3 所示。

就像我们可以对 $O(n)$ 与 $O(n^2)$ 这样将常数倍的差别进行忽略一样，对于对数的底通常也可以无视。因此，我们在写阶数时通常会将底省略，因此二分查找的复杂度可以使用 $O(\log n)$ 来表示。

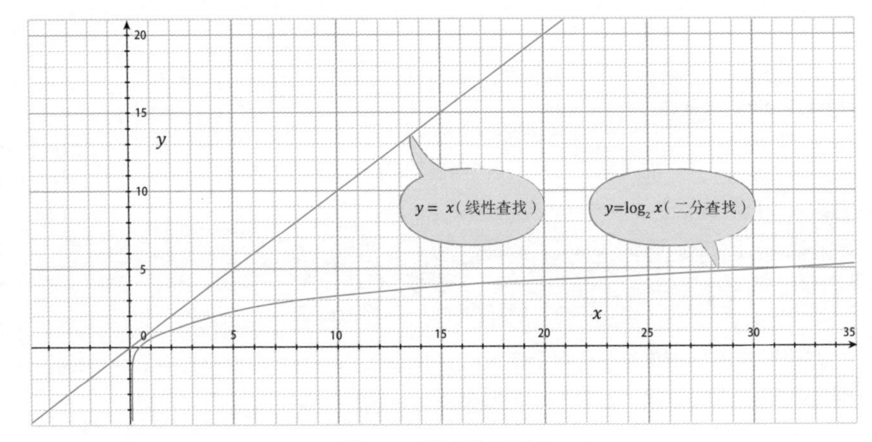

图4.3 对数函数示意图

通常情况下，与线性查找相比，二分查找的处理更加高效，但是由于这种算法要求数据必须是按照升序或降序排列的，因此我们需要事先对数据进行排序处理（线性查找无须特地排序）。此外，当数据数量较少时两种查找方法的速度并无太大差别，因此适合使用线性查找的场景也不少。

所以在实际应用中，我们需要在考虑所需处理的数据量和数据的更新频率等因素的基础上，再决定使用哪种查找方法。

Column

在日常生活中也非常实用的二分查找

二分查找不仅可以在编程方面使计算机的处理更加高效，其算法思想在其他应用场景中也发挥着不小的作用。例如，当程序的输出不正确时，我们就需要查找问题出现的位置。

这种情况下，当然也可以从源代码的开头开始顺序查找，不过，如果使用二分查找，可以将查找的范围迅速缩小。例如，将某一函数的前半部分删除并对结果进行确认，之后再将该函数的后半部分删除并对结果进行确认，通过这样反复地操作，有时候就能够找到问题点在哪里。

这种方法不局限于在编程中使用，它也同样可以在调查网络故障等场景中使用。当我们管理着大量的服务器时，要快速定位发生问题的服务器，就可以考虑使用二分查找这样折半进行查找的方法。

Column

跳表

在本节中，我们讲解了对列表（数组）进行二分查找的方法，实际上，有时也需要对已经排序好的链表进行高速查找。然而，由于链表的结构只适合从开头往后依次进行访问，因此无法简单地运用二分查找。

因此，就诞生了一种稍微对链表的数据结构进行了改进的跳表。就像除了每个车站都停车的列车之外，还有只在主要站点停留的快车和特快列车那样，不是按照顺序进站，而是可以直接跳过一部分数据结构（图4.4）。

使用跳表，即使是链表也可以实现高效的查找。当然，其中还需要对插入和删除等操作进行额外的修改，目前大家只需要知道这是一种很方便的数据结构即可。

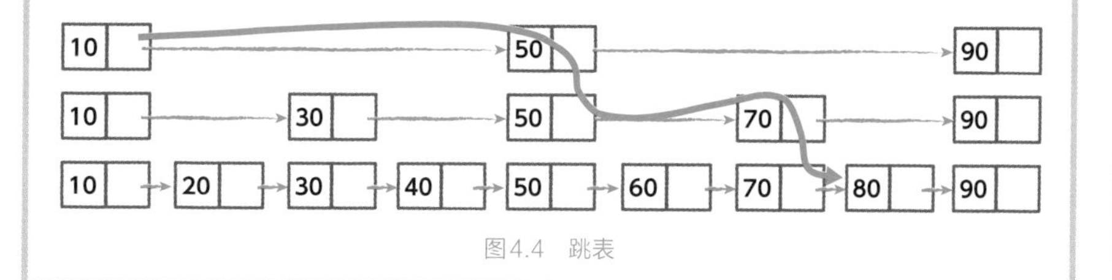

图4.4　跳表

4.3 使用树形结构的查找

√ 理解广度优先搜索和深度优先搜索。
√ 理解前序遍历、后序遍历以及中序遍历的差别。
√ 掌握递归函数的编写方法。

4.3.1 思考来自层级结构数据的查找

通常不仅需要对列表中所保存的数据进行查找操作，有时还需要对层级结构的数据进行查找。

例如，我们需要在计算机的文件夹中搜索特定的文件。假设需要查找名为sammple.txt的文件，并生成符合这一条件的文件的一览表，那么搜索这一文件的方法大致可以分为两类。那就是广度优先搜索和深度优先搜索（图4.5）。

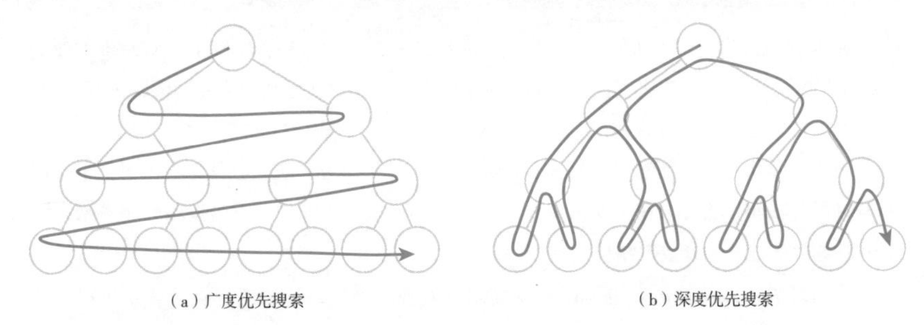

图4.5　广度优先搜索与深度优先搜索

1. 广度优先搜索

先对距离开始搜索的地方较近的对象进行遍历，然后再对其中每一个对象分别进行更深一步的遍历的搜索方法就是所谓的广度优先搜索。就好像我们在看书的时候，先通过阅览目录对书的内容在整体上进行把握，然后分别阅读每一章的概要，再慢慢地仔细阅读每一章的内容一样。最后只要能找到符合指定条件的一个对象即可，当找到需要搜索的对象的同时能够立即结束处理，就能实现高速化的搜索。

树形结构

如图4.5所示，使用圆圈和线条对层级结构的分支进行表示的方法，看上去就像是一棵倒生长的树延伸出来的枝叶，因此这种结构称为树形结构。其中，每个圆圈又称为节点（node），而它们之间的连线则称为边（edge）。

2. 深度优先搜索

在进行搜索时，尽量朝着目标方向前进，直到无法进一步深入的时候再返回的方法称为深度优先搜索。有时候也称为回溯搜索（backtrack），是在需要找出所有的答案时经常使用的一种搜索方法。我们在第2章中讲解的递归处理是非常常用的，在奥赛罗棋、象棋、围棋等对战型游戏中实现搜索处理时不可或缺的搜索方法。此外，在实际应用中也可以不追求找出所有的答案，而只在指定的深度范围内进行搜索。

在实现深度优先搜索时，根据对所有节点的处理顺序的不同，还可分为前序遍历、中序遍历和后序遍历等不同的遍历方式（图4.6）。虽然无论是哪种遍历方法在搜索过程中经过节点的顺序都与图4.5（b）相同，但是不同的遍历方式对节点进行访问的时机是不同的，具体访问每个节点的顺序可以参考图4.6中圆圈内的数字，是按照由小到大的顺序对节点进行访问的。

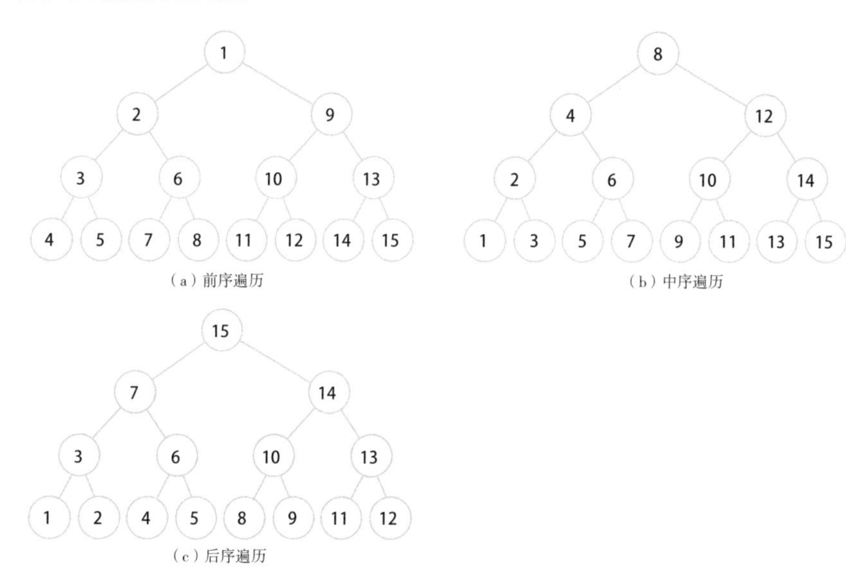

图4.6 深度优先搜索的处理顺序

在需要找出所有答案的场合中，如果使用广度优先搜索，就需要对搜索过程中的所有节点进行保存，而深度优先搜索只需要对当前正在处理的节点进行保存即可。

也就是说，深度优先搜索比广度优先搜索的内存占用量要少得多。

另外，如果能在最短的距离内找到一个符合搜索条件的对象，由于可以在找到的同时结束搜索处理，因此使用广度优先搜索的处理速度更快（深度优先搜索需要先对所有的节点访问一次才能判断是否距离最短）。因此，我们需要对不同搜索方式的特点进行理解，才能针对不同的问题选择使用最为合适的处理方法。

4.3.2 编程实现广度优先搜索

接下来，将通过编写简单的程序来尝试实现广度优先搜索和深度优先搜索。这里将使用列表结构对每个节点下方悬挂的节点进行表示。例如，在图 4.7 中可以看到，1 号节点指向的是 3 号节点和 4 号节点，因此在列表的 1 号元素中保存的就是[3,4] 这一列表对象。

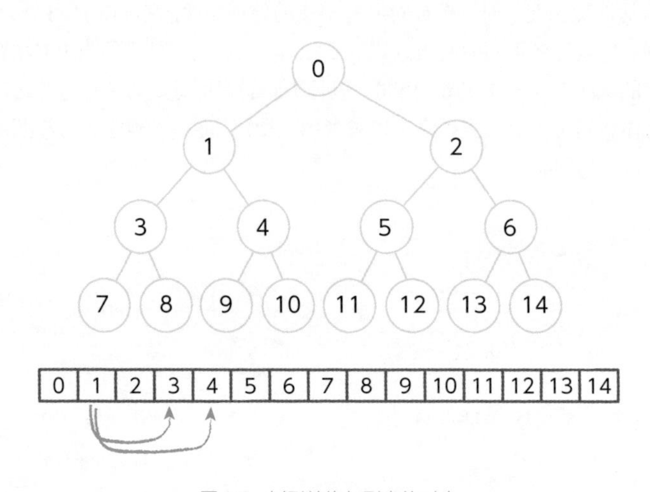

图4.7　树形结构与列表的对应

也就是说，0 号元素下面悬挂着的节点是列表中的 1 号和 2 号元素，1 号元素的下面悬挂着的是列表中的 3 号和 4 号元素。以此类推，将节点下方悬挂的节点的位置（索引）保存在同一个列表对象中。

广度优先搜索可以按照程序清单 4.4 所示的代码使用循环语句来实现。

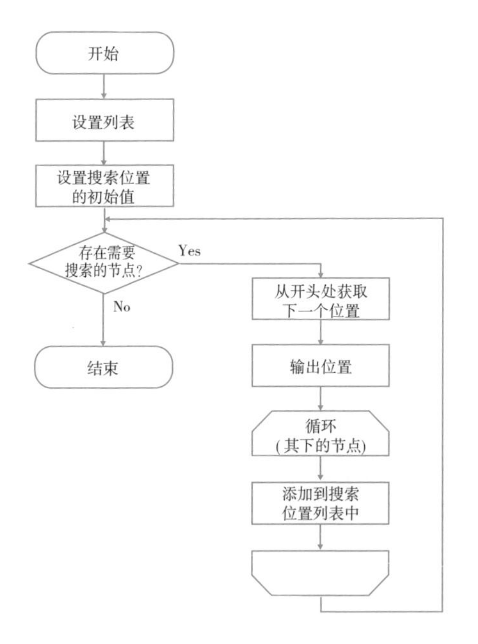

程序清单4.4　breadth_search.py

```
tree = [[1, 2], [3, 4], [5, 6], [7, 8], [9, 10], [11, 12],
        [13, 14], [], [], [], [], [], [], [], []]

data = [0]
while len(data) > 0:
    pos = data.pop(0)        ←从开头处取出
    print(pos, end=' ')
    for i in tree[pos]:
        data.append(i)       ←添加到末尾
```

上述代码中，列表的索引是依次进行输出的，从结果中可以看出程序成功地实现了自上而下对树形结构进行遍历（打印输出）的操作。

执行结果　**执行breadth_search.py(程序清单4.4)**

```
C:\>python breadth_search.py
0 1 2 3 4 5 6 7 8 9 10 11 12 13 14
C:\>
```

4.3.3 编程实现深度优先搜索

1. 前序遍历

深度优先搜索通常都是使用递归的方式来实现的。下面先尝试编程实现前序遍历操作。在前序遍历中，程序在访问每个节点的子节点前，要先完成对节点自身的处理（程序清单4.5）。

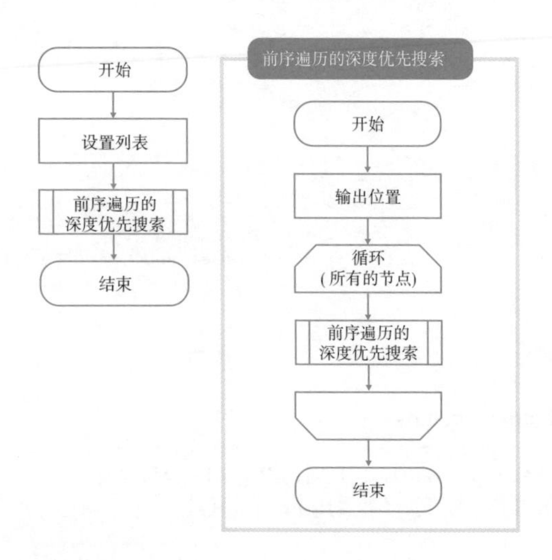

程序清单4.5　depth_search1.py

```
tree = [[1, 2], [3, 4], [5, 6], [7, 8], [9, 10], [11, 12],
        [13, 14], [], [], [], [], [], [], [], []]

def search(pos):
    print(pos, end=' ')        ←在访问所属的子节点前先输出
    for i in tree[pos]:        ←访问所属的子节点
        search(i)              ←进行递归搜索
search(0)
```

执行结果　执行depth_search1.py（程序清单4.5）

```
C:\>python depth_search1.py
0 1 3 7 8 4 9 10 2 5 11 12 6 13 14
C:\>
```

2. 后序遍历

接下来，尝试编程实现后序遍历操作。在后序遍历中，程序是在完成了对节点的子节点的访问后再处理节点自身（程序清单4.6）。

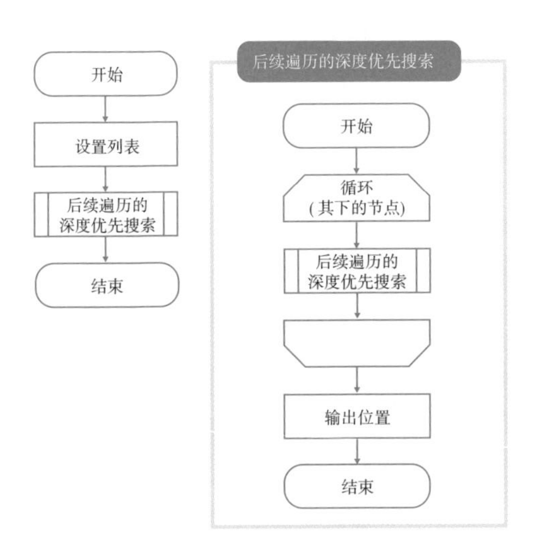

程序清单4.6　depth_search2.py

```
tree = [[1, 2], [3, 4], [5, 6], [7, 8], [9, 10], [11, 12],
        [13, 14], [], [], [], [], [], [], [], []]

def search(pos):
    for i in tree[pos]:
        search(i)
    print(pos, end=' ')        ←在完成了所属的子节点的访问后再输出

search(0)
```

执行结果　执行depth_search2.py（程序清单4.6）

```
C:\>python depth_search2.py
7 8 3 9 10 4 1 11 12 5 13 14 6 2 0
C:\>
```

3. 中序遍历

最后，我们将尝试编程实现中序遍历操作。中序遍历是先对二叉树中左侧的子节点进行访问，然后再对右侧的子节点进行访问（程序清单4.7）。

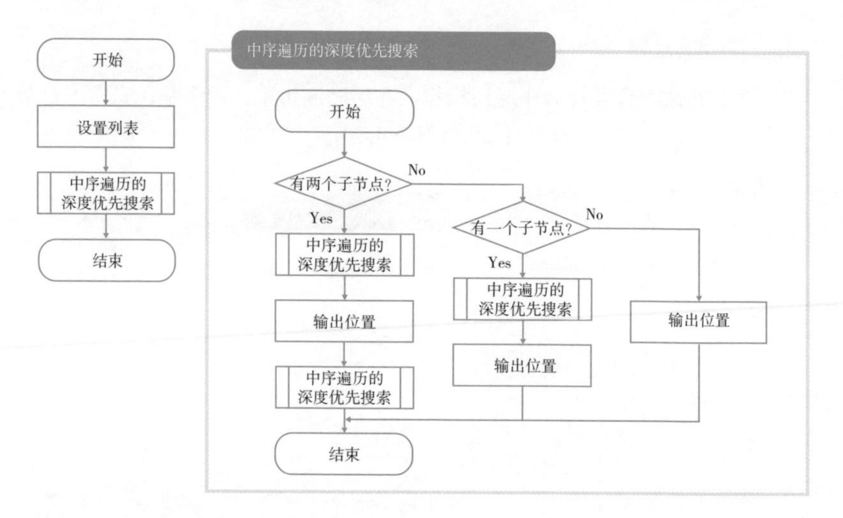

程序清单4.7　**depth_search3.py**

```
tree = [[1, 2], [3, 4], [5, 6], [7, 8], [9, 10], [11, 12],
        [13, 14], [], [], [], [], [], [], [], []]

def search(pos):
    if len(tree[pos]) == 2:         ←存在两个子节点时
        search(tree[pos][0])
        print(pos, end=' ')         ←在左节点和右节点之间进行输出
        search(tree[pos][1])
    elif len(tree[pos]) == 1:       ←存在一个子节点时
        search(tree[pos][0])
        print(pos, end=' ')         ←访问了左边的节点后再输出
    else:                           ←当不存在子节点时
        print(pos, end=' ')

search(0)
```

执行结果　**执行depth_search3.py(程序清单4.7)**

```
C:\>python depth_search3.py
7 3 8 1 9 4 10 0 11 5 12 2 13 6 14
C:\>
```

另外，我们也可以不使用递归的方式而是采用循环语句来实现。如程序清单4.8所示，程序实现了反向处理的后序遍历。

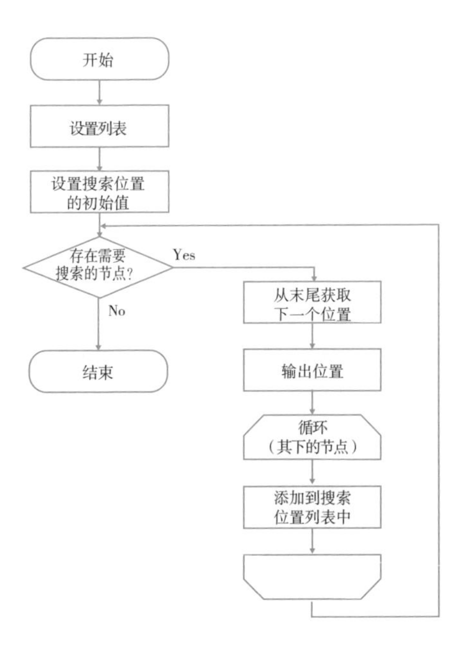

程序清单 4.8　depth_search4.py

```
tree = [[1, 2], [3, 4], [5, 6], [7, 8], [9, 10], [11, 12],
        [13, 14], [], [], [], [], [], [], [], []]

data = [0]
while len(data) > 0:
    pos = data.pop()          ←从末尾取出
    print(pos, end=' ')
    for i in tree[pos]:
        data.append(i)        ←添加到末尾处
```

执行结果　执行 depth_search4.py（程序清单 4.8 ）

```
C:\>python depth_search4.py
0 2 6 14 13 5 12 11 1 4 10 9 3 8 7
C:\>
```

4.4 编程解决各种问题

√ 掌握哨兵、位运算等实用的技巧。
√ 了解八皇后问题、汉诺塔等著名的算法。
√ 理解极小化极大算法等对战形式的算法。

4.4.1 迷宫探索（哨兵）

首先让我们思考一下简单的迷宫探索问题。例如，现有如图4.8所示的一座迷宫。其中，黑色的部分是墙壁；白色的部分是通路。我们需要探索从起点（S）走到终点（G）之间通过的路径。

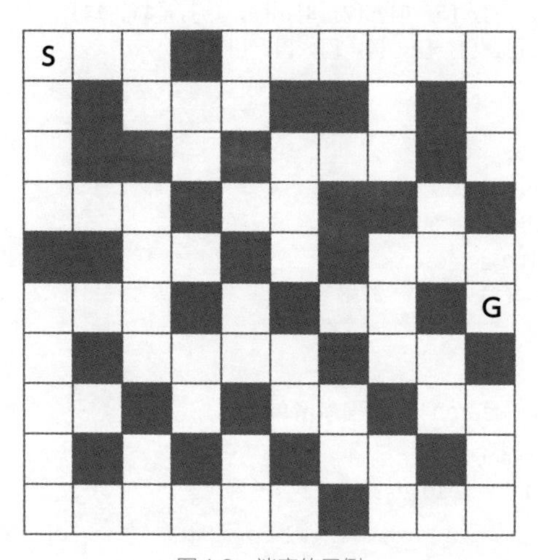

图4.8 迷宫的示例

在解决此类问题时，为了能够简化程序对外侧墙壁的判断处理，通常都会采用称为哨兵的解决思路。所谓哨兵，是指在列表的末尾添加用于表示终止条件的数据，采用这一方法可以使程序的实现变得更为简洁。

如果将上述迷宫中的墙壁使用9、通路使用0、终点使用1的数字来表示，可以用程序清单4.9所示的二维列表来表示迷宫。在移动的过程中，已经成功通过的通路会被数字2所覆盖。

从程序清单4.9中可以看出，在图4.8中没有显示出来的迷宫周围的部分是用9围起来的，可以将其与内侧的墙壁一同进行处理。这就是使用哨兵的效果，在程序中不需要对内侧墙壁和外侧墙壁进行区分处理，这样一来，对于无法通过的位置的判断就变得简单了。

程序清单4.9　maze.py

```
maze = [
    [9, 9, 9, 9, 9, 9, 9, 9, 9, 9, 9, 9],
    [9, 0, 0, 0, 9, 0, 0, 0, 0, 0, 0, 9],
    [9, 0, 9, 0, 0, 0, 9, 9, 0, 9, 9, 9],
    [9, 0, 9, 9, 0, 9, 0, 0, 0, 9, 0, 9],
    [9, 0, 0, 0, 9, 0, 0, 9, 9, 0, 9, 9],
    [9, 9, 9, 0, 0, 9, 0, 9, 0, 0, 0, 9],
    [9, 0, 0, 0, 9, 0, 9, 0, 0, 9, 1, 9],
    [9, 0, 9, 0, 0, 0, 0, 9, 0, 0, 9, 9],
    [9, 0, 0, 9, 0, 9, 0, 0, 9, 0, 0, 9],
    [9, 0, 9, 0, 9, 0, 9, 0, 0, 9, 0, 9],
    [9, 0, 0, 0, 0, 0, 0, 9, 0, 0, 0, 9],
    [9, 9, 9, 9, 9, 9, 9, 9, 9, 9, 9, 9]
]
```

1. 使用广度优先查找进行探索

我们将考虑从起点开始按顺序在距离较近的可移动范围内使用广度优先查找进行探索。在往上下左右移动的过程中进行探索，对于已经探索过的路径不再重复探索。重复这一过程，直至到达终点，或者已无路可走时终止探索。

程序会将最开始的起点位置作为用于探索的列表进行设置，将已探索位置移出列表，然后将允许往上下左右移动的位置添加到此列表中，重复这一过程直到列表长度变为零（没有可以继续查找的路径了）（图4.9）。

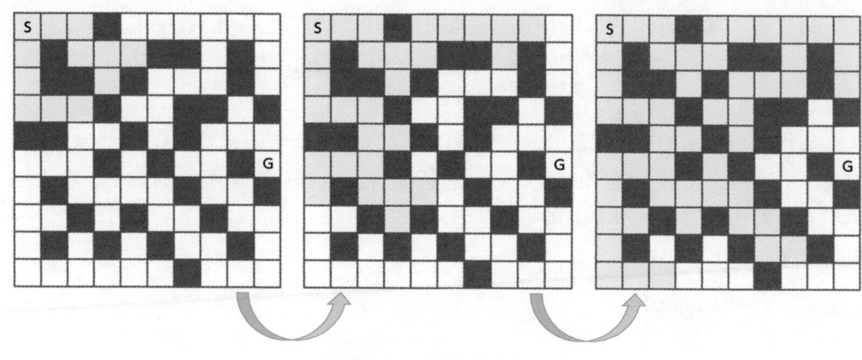

图4.9　广度优先查找

一旦到达终点位置程序就可以结束处理。程序清单4.10中的程序一边增加移动次数一边进行探索，并输出到达终点时的移动次数。

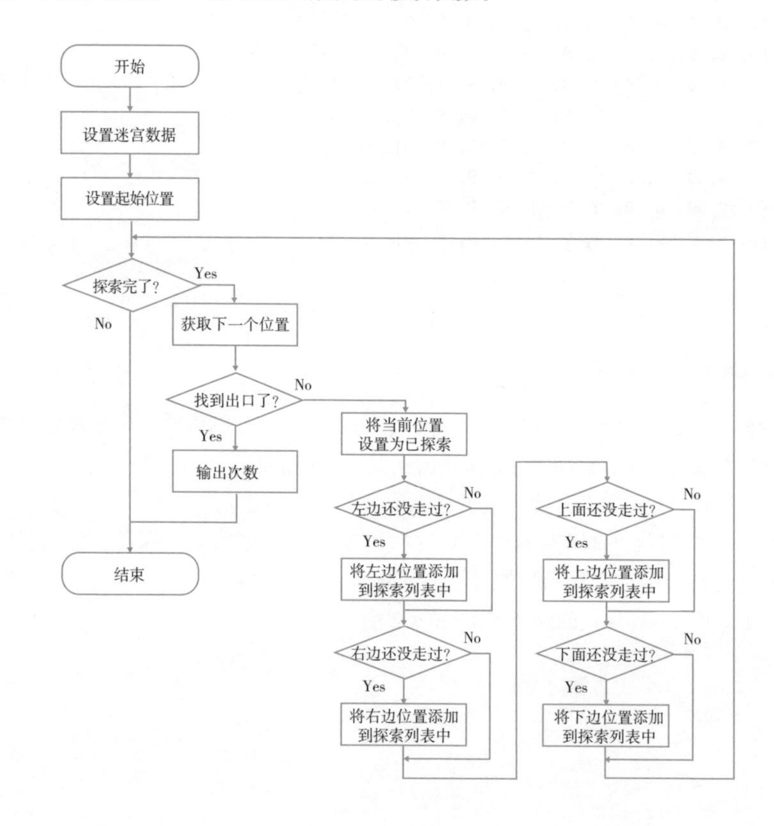

程序清单4.10 maze.py

```
# 省略(程序清单4.9)

# 设置起点位置(x坐标、y坐标、移动次数)
pos = [[1, 1, 0]]

while len(pos) > 0:
    x, y, depth = pos.pop(0)      ←从列表中获取探索位置

    # 到达终点后结束
    if maze[x][y] == 1:
        print(depth)
        break

    # 设置为已探索
    maze[x][y] = 2

    # 上下左右进行探索
    if maze[x - 1][y] < 2:
        pos.append([x - 1, y, depth + 1])  ←增加移动次数并将左边添加到列表中
    if maze[x + 1][y] < 2:
        pos.append([x + 1, y, depth + 1])  ←增加移动次数并将右边添加到列表中
    if maze[x][y - 1] < 2:
        pos.append([x, y - 1, depth + 1])  ←增加移动次数并将上面添加到列表中
    if maze[x][y + 1] < 2:
        pos.append([x, y + 1, depth + 1])  ←增加移动次数并将下面添加到列表中
```

执行上述代码，会显示移动次数为28。

执行结果 执行maze.py(程序清单4.9和程序清单4.10)

```
C:\>python maze.py
28
C:\>
```

2. 使用简单的深度优先查找进行探索

对于同样的处理，我们还可以使用深度优先查找方法。深度优先查找的处理方式是一直往前移动，能走多远就走多远，如果走进死胡同就返回再继续探索下一个路径(图4.10)。

图4.10的示例中显示的是，将探索的过程以每前进五步为单位分别进行显示。从图中我们可以看到，在移动过程中即使遇到分叉的路口，程序也并没有试图探索其他的路径，而是继续按原定路线进行探索。

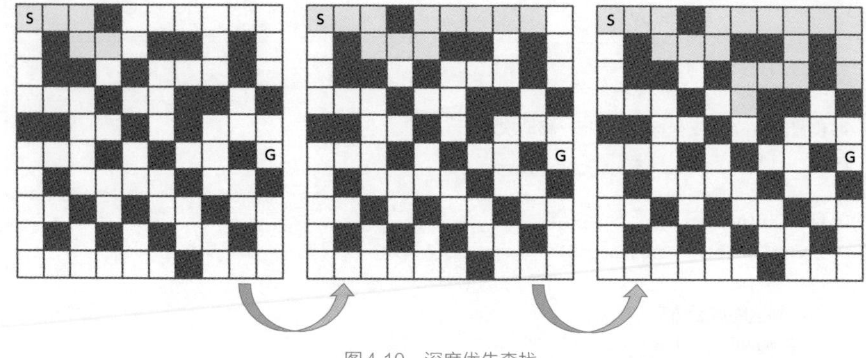

图4.10　深度优先查找

与程序清单4.10相同，将程序清单4.11添加到程序清单4.9中，就可以得到相同的结果。

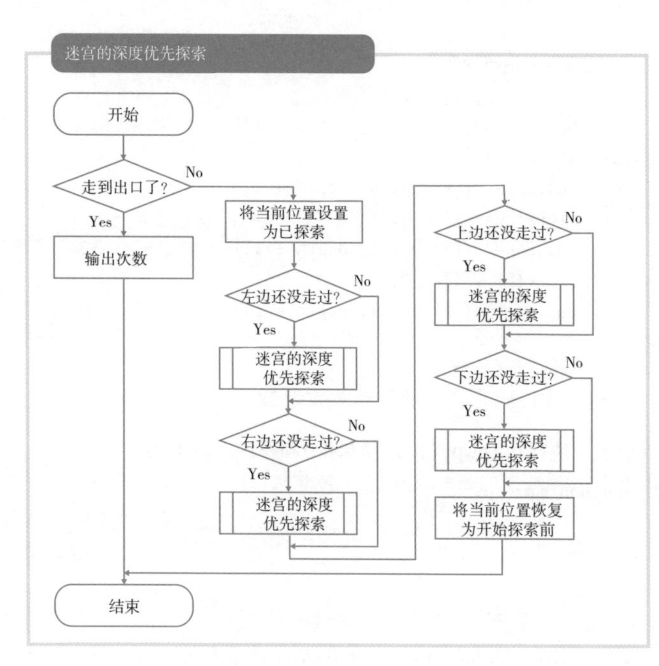

程序清单4.11　maze2.py

```
# 略(程序清单4.9)

def search(x, y, depth):
    # 到达终点后结束
    if maze[x][y] == 1:
        print(depth)
        exit()

    # 设置为已探索
    maze[x][y] = 2

    # 上下左右进行探索
    if maze[x - 1][y] < 2:
        search(x - 1, y, depth + 1)    ←增加移动次数并探索左边
    if maze[x + 1][y] < 2:
        search(x + 1, y, depth + 1)    ←增加移动次数并探索右边
    if maze[x][y - 1] < 2:
        search(x, y - 1, depth + 1)    ←增加移动次数并探索上面
    if maze[x][y + 1] < 2:
        search(x, y + 1, depth + 1)    ←增加移动次数并探索下面

    # 返回到探索之前
    maze[x][y] = 0

# 从起点位置开始
search(1, 1, 0)
```

3. 使用右手法则的深度优先查找进行探索

通过深度优先查找解决迷宫问题时，使用右手法则[注1]是比较常用的方法。正如其名称一样，右手法则是将手挨着右侧的墙壁，边扶着墙边移动的方法。当走到尽头碰壁了，只需要向左转并继续重复这一操作即可(图4.11)。

使用这一方法，虽然不能保证得到的一定是最短的路径，但只要坚持探索，最终一定是可以抵达终点的。程序会保持前进的方向，对右侧、前面、左侧、后面按顺序进行确认并朝着前进的方向移动。

此外，当移动到未曾走过的位置时增加移动次数，移动到已经走过的位置时减少移动次数的方法，可以实现最短路径的查找。

注1　将手挨着左侧的墙壁，边扶着墙壁边移动的方法称为左手法则。两种方法本质上是相同的。

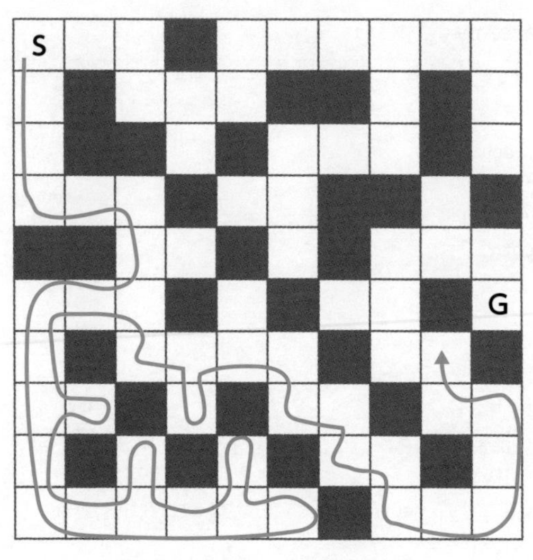

图4.11 使用右手法则探索的路径

我们在程序清单4.12中实现了这一操作，将程序清单4.12添加到程序清单4.9中即可得到相同的结果。

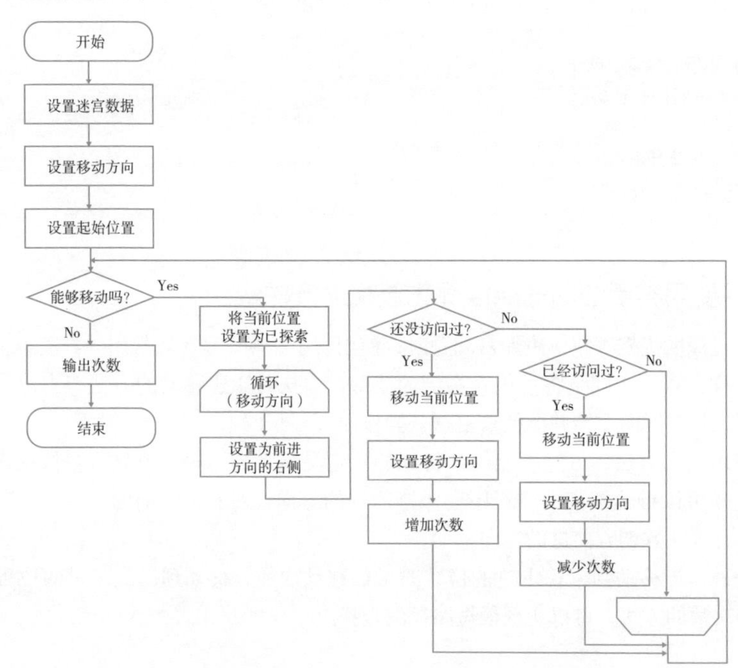

程序清单4.12　maze3.py

```
# 略(程序清单4.9)

# 指定右手法则中的移动方向(下、右、上、左)
dir = [[1, 0], [0, 1], [-1, 0], [0, -1]]

# 设置起点位置(x坐标、y坐标、移动次数、方向)
x, y, depth, d = 1, 1, 0, 0

while maze[x][y] != 1:
    # 设置为已探索
    maze[x][y] = 2

    # 使用右手法则进行探索
    for i in range(len(dir)):
        # 在前进方向的右侧开始按顺序进行探索
        j = (d + i - 1) % len(dir)  ←通过除以移动方向的个数求出余数来决定下一步的方向
        if maze[x + dir[j][0]][y + dir[j][1]] < 2:
            # 遇到未曾走过的位置时，前进并增加移动次数
            x += dir[j][0]
            y += dir[j][1]
            d = j
            depth += 1
            break
        elif maze[x + dir[j][0]][y + dir[j][1]] == 2:
            # 遇到已经走过的位置时，前进并减少移动次数
            x += dir[j][0]
            y += dir[j][1]
            d = j
            depth -= 1
            break

print(depth)
```

4.4.2 八皇后问题

所谓八皇后问题，是使用国际象棋中的皇后这枚棋子构成的一道难题。国际象棋中的皇后相当于日本象棋中的车和马结合在一起的一枚棋子，如图4.12所示。皇后可以在棋盘的纵向、横向和斜向进行移动，可以一直移动到棋盘边缘或者其他棋子所在的位置上。它的移动范围就称作它的“控”(图中Q的位置中放置的是皇后)。

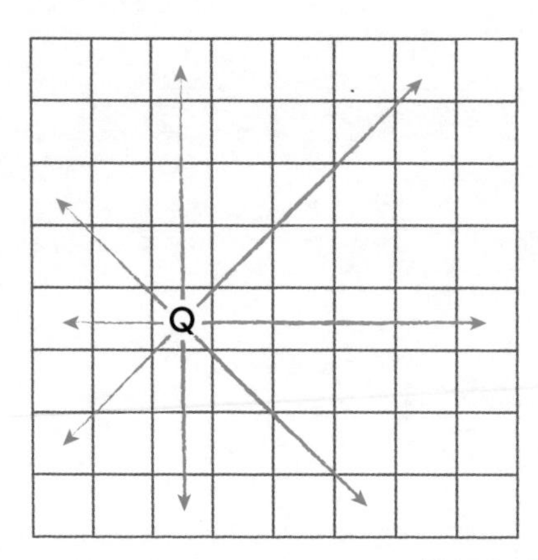

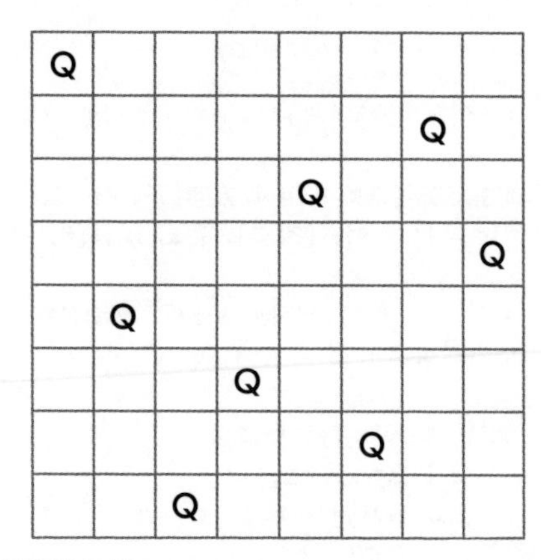

图4.12　八皇后问题的示例

我们的目的是要做到在象棋的盘面上放置八个皇后，并保证任意两个皇后都不在对方的“控”范围之内。例如，可以像图4.12中右侧那样进行摆放。我们需要求取的就是类似这样的摆放方式。

简单估算一下，第一个皇后可以放置的位置有 $8 \times 8 = 64$ 个，第二个皇后可以放置的位置有63个，以此类推，总共有 $64 \times 63 \times 62 \times 61 \times 60 \times 59 \times 58 \times 57$ 种可以尝试的摆放方式。如果要在这里面找答案显然是非常困难的事情。

因此，我们需要考虑使用这一问题本身的限制条件来加快搜索答案的速度。由于在同一行或同一列中不允许同时存在两个以上的皇后，因此我们可以对每一列中放置了皇后的行的信息进行保存。

如此一来，第一列中可以选择的位置是1～8行，第二列中可以选择的位置为剩余的7行，因此可以选择方案总共就有 $8 \times 7 \times 6 \times 5 \times 4 \times 3 \times 2 \times 1$ 种。即使对其中所有的方案进行搜索，需要处理的方案数量也已经大幅度降低了（图4.13）。

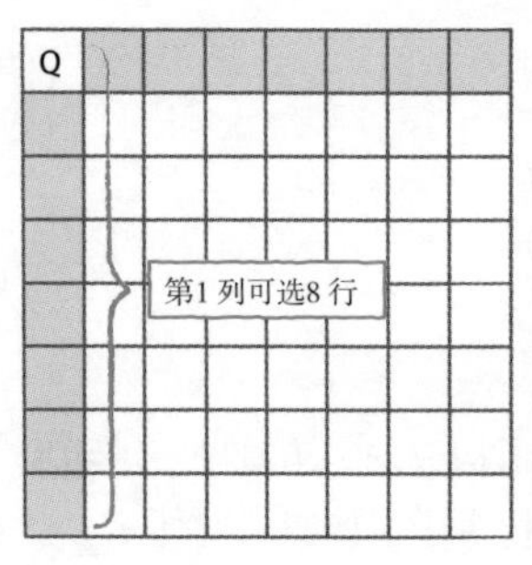

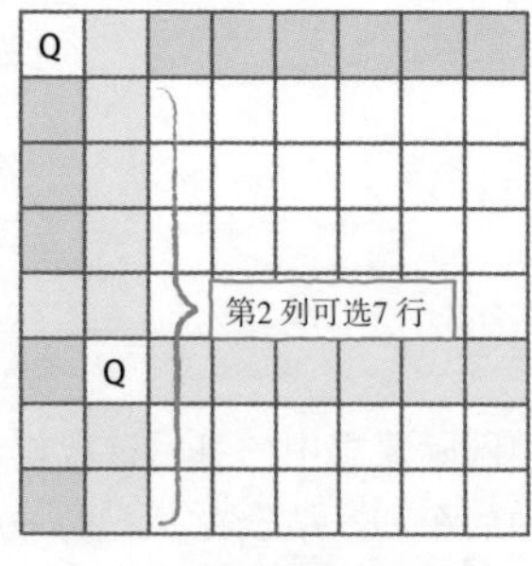

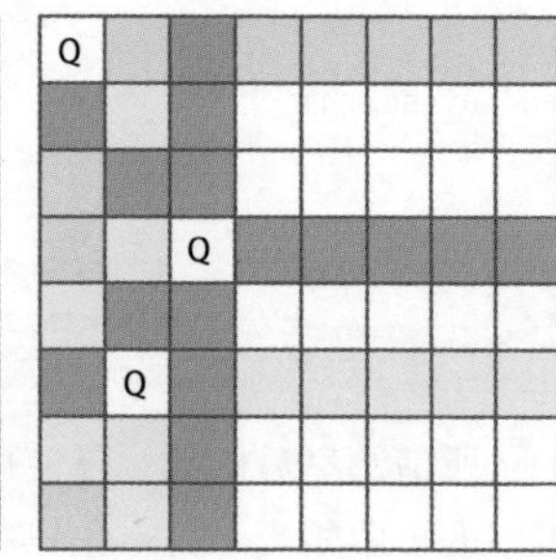

图4.13　按列依次放置皇后

这里比较困难的处理是如何对斜向上的“控”进行判断。由于我们是按照从左往右的顺序依次放置皇后的，因此在进行放置时要判断是否处于之前所摆放的皇后的“控”的范围之内，只需要在自身的左上和左下方向上进行判断即可。

在左上方向上，对左边第1列中的上1行进行判断，然后对左边第2列中的上2行进行判断即可，将列表的位置与列表的值（行编号）进行比较就可以完成确认处理。对于左下方向上的处理也是类似的。

从左边第1列开始依次将每一列中允许摆放的位置添加到列表中，在所有的列中放置完毕后整个处理过程就结束了（程序清单4.13）。在向列表中进行添加时，要先检查是否放在同一行上，是否斜向上进入其他皇后的控的范围后再进行放置。

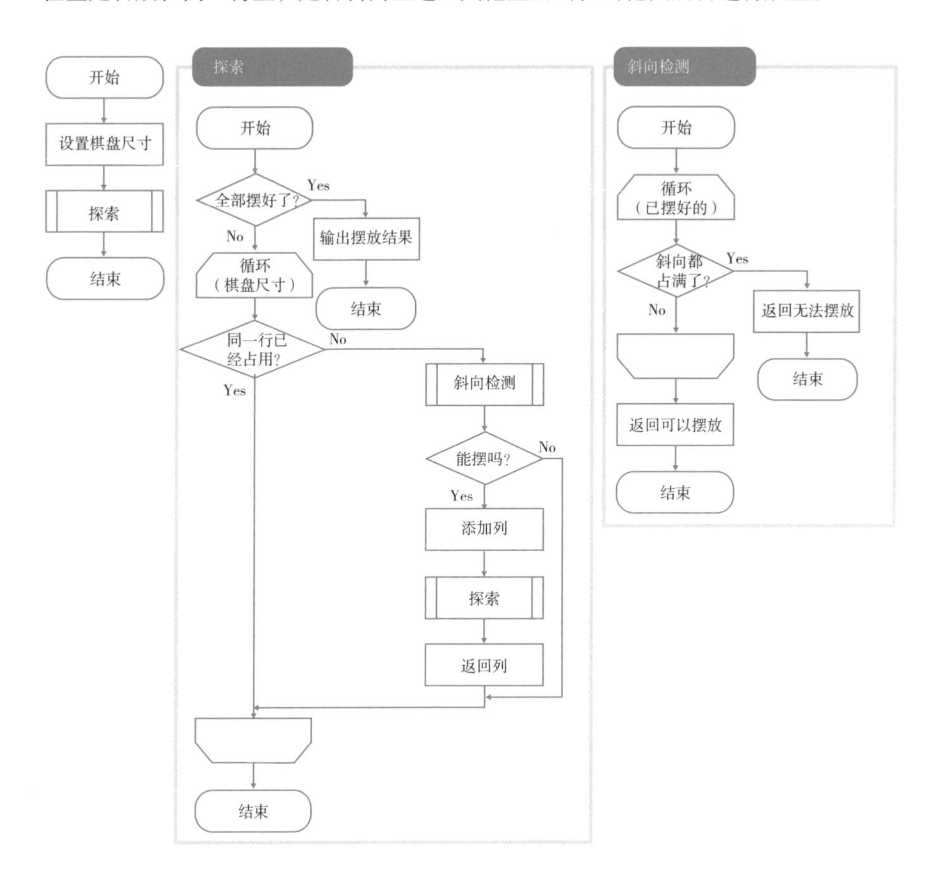

程序清单4.13　queen.py

```
n = 8

# 斜向上的检查
def check(x, col):
    # 对已经放置的行进行逆向检查
    for i, row in enumerate(reversed(col)):
        if (x + i + 1 == row) or (x - i - 1 == row):  ←左上和左下是否有皇后
            return False
    return True

def search(col):
    if len(col) == n:  # 全部放置完毕后输出结果
        print(col)
        return

    for i in range(n):
        if i not in col:  # 不使用相同的行
            if check(i, col):
                col.append(i)
                search(col)  ←进行递归搜索
                col.pop()

search([])
```

执行上述代码后，会得到如下所示的92种设置方案的输出。

执行结果　执行queen.py（程序清单4.13）

```
C:\>python queen.py
[0, 4, 7, 5, 2, 6, 1, 3]
[0, 5, 7, 2, 6, 3, 1, 4]
[0, 6, 3, 5, 7, 1, 4, 2]
[0, 6, 4, 7, 1, 3, 5, 2]
[1, 3, 5, 7, 2, 0, 6, 4]
…
[7, 1, 4, 2, 0, 6, 3, 5]
[7, 2, 0, 5, 1, 4, 6, 3]
[7, 3, 0, 2, 5, 1, 6, 4]
C:\>
```

但是，如果对这92种设置方案进行旋转或上下左右翻转处理，就会发现其中有一些方案是重复的。因此，最终得出的方案是如图4.14所示的12种设置方案。

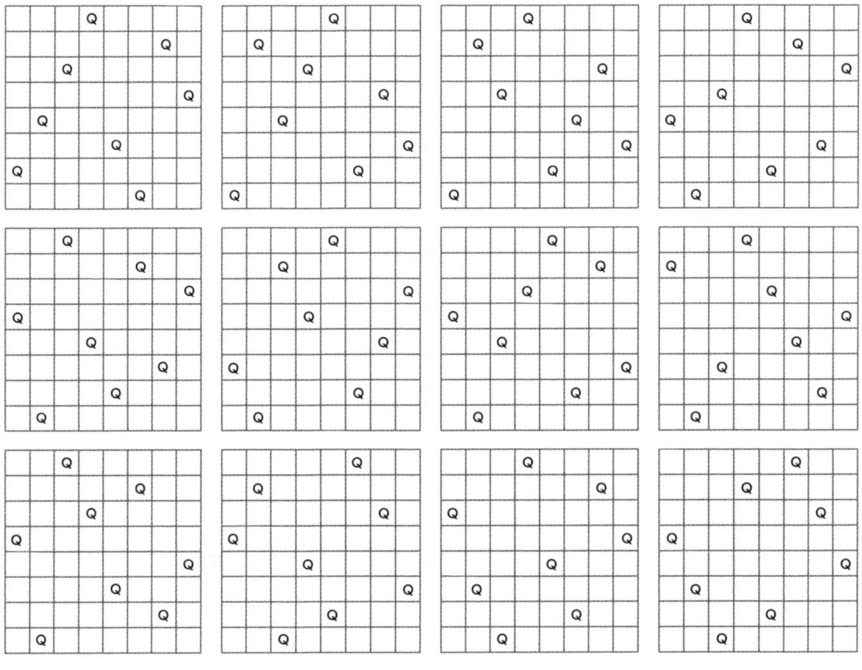

图4.14　八皇后问题的答案

*n*皇后问题

八皇后问题是在8 × 8大小的棋盘中设置八个皇后的问题。同理，在$n \times n$大小的棋盘中设置n个皇后的问题，则被称为n皇后问题。例如，当$n = 4$时就是在4 × 4大小的棋盘中设置4个皇后（图4.15）。

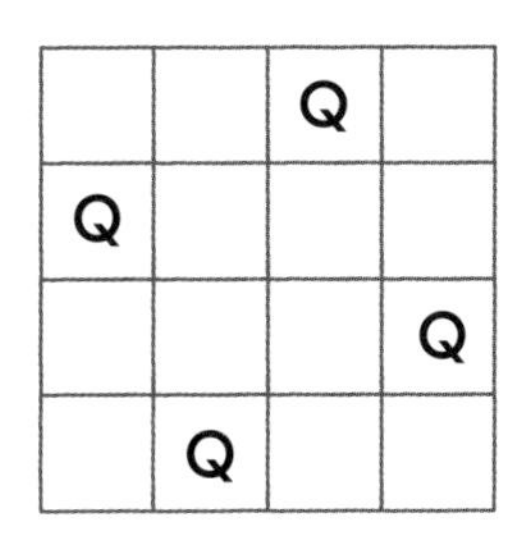

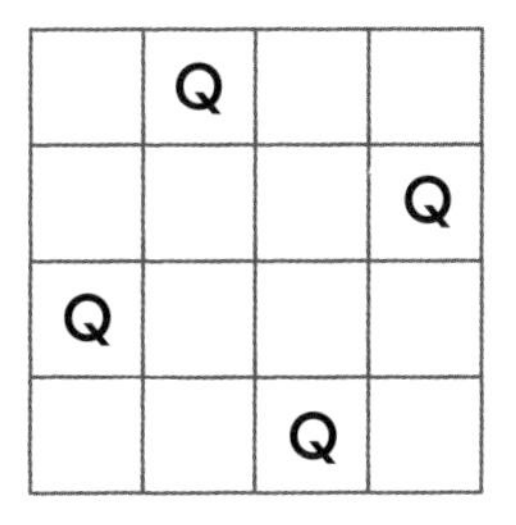

图4.15　四皇后问题的答案

要解决四皇后问题，我们只需要对之前的程序清单4.13中程序的第一行的n的值进行修改即可。但是，随着n值的增大，程序的处理时间也会爆发性增长。在普通

的计算机上使用上述程序进行计算，一般超过 $n = 13$ 基本上就是不可能完成的任务了。

在现实中，为了解决这个问题，通常都需要采用特殊的专用硬件和经过优化的软件。

4.4.3 汉诺塔

使用递归可以轻易实现的示例中，一种名为汉诺塔的智力游戏是非常有名的。汉诺塔是按照下列规则移动所有圆盘的游戏。

- 有大小不同的若干个圆盘，大的圆盘不能放在小的圆盘之上。
- 有三个位置可以放置圆盘，最开始是将所有圆盘集中放在一个位置上。
- 一次只能移动一个圆盘，确认将所有的圆盘移到其他位置所需的移动次数。

例如，当我们现有三个圆盘，那么如图4.16所示就可以移动七次。

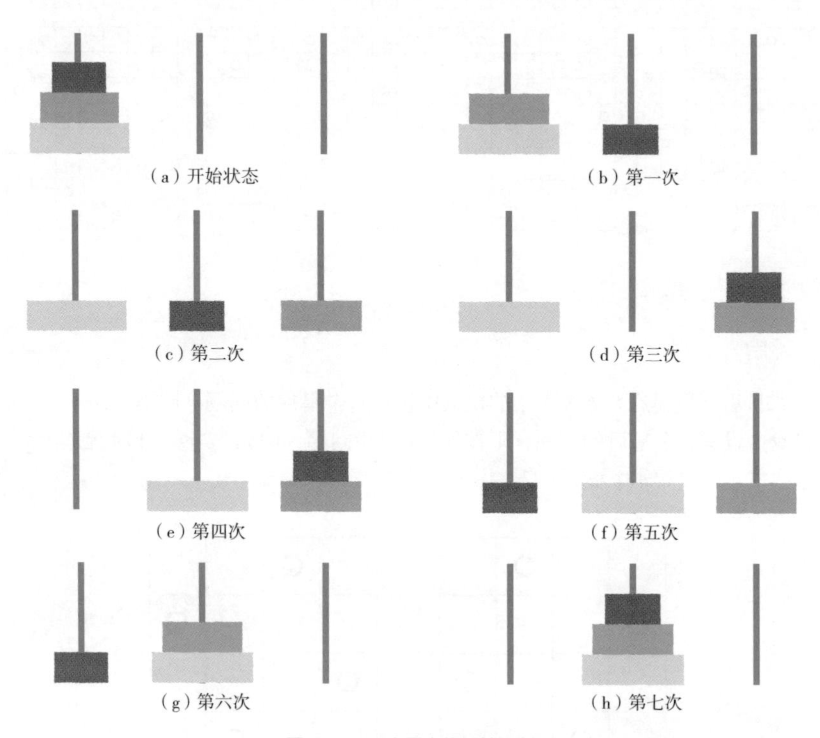

图4.16　三个圆盘的解答示例

接下来，我们将考虑在汉诺塔中，如何求取移动 n 个圆盘时所需的最少移动次数以及移动的顺序。由于小圆盘上面不能放置大圆盘，因此要移动 n 个圆盘的运算就可以考虑在移动 $n-1$ 个圆盘之后将最大的一个圆盘进行移动，再将 $n-1$ 个圆盘放在上面（图4.17）。

①起始状态
③移动最大的那个
②移动n–1 个圆盘
④移动n–1 个圆盘

图4.17　n 个圆盘的处理顺序

要移动n–1 个圆盘时，可以在移动n–2 个圆盘之后再移动最下方的那个圆盘，之后再移动n–2 个圆盘即可。重复这一操作，可以考虑使用递归来实现。

下面我们将通过编写代码来实现这一移动方法。将放置圆盘的三个位置分别设置为a、b、c，将位置a 移动到位置b 的操作以“a– >b”的形式输出。在移动时所需指定的参数就是剩余的圆盘数、移动的起点、移动的终点、经过的位置这四个数据。我们将定义使用这些参数的函数，并在函数内部对移动进行输出。

需要处理的圆盘个数，是在启动程序后再从标准输入中给定的，该值可以在程序执行时进行更改（程序清单4.14）。

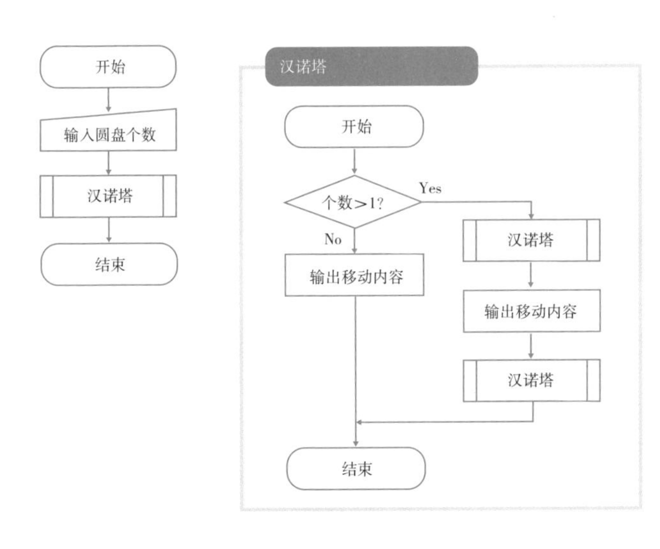

程序清单4.14　hanoi.py

```
def hanoi(n, src, dist, via):          ← 移动的终点 (dist) / 移动的起点 (src) / 经过的位置 (via)
    if n > 1:
        hanoi(n - 1, src, via, dist)    ←将n−1个圆盘从起点移动到经过的位置
        print(src + ' -> ' + dist)
        hanoi(n - 1, via, dist, src)    ←将n−1个圆盘从经过的位置移动到终点
    else:
        print(src + ' -> ' + dist)

n = int(input())
hanoi(n, 'a', 'b', 'c')
```

执行上述代码，当$n = 3$时，可以得到如下所示的结果。

执行结果　**执行hanoi.py（程序清单4.14）**

```
C:\>python hanoi.py
3
a -> b
a -> c
b -> c
a -> b
c -> a
c -> b
a -> b
C:\>
```

这里，我们将对移动n个圆盘所需的移动次数进行计算。假设n个圆盘的移动次数为a_n，那么就相当于需要移动n−1个圆盘和位于其下方的一个圆盘，然后再对n−1个圆盘进行移动，因此就可以使用公式$a_n = 2a_{n-1} + 1$来表示。其中，$a_1 = 1$。

对这个一般式进行求解，可以得到$a_n = 2^n - 1$。也就是说，当n的数字增加时，移动次数会急剧增加，见表4.1。

表4.1　汉诺塔的移动次数

圆盘个数	移动次数
3	7
4	15
5	31
6	63
7	127
…	…
10	1023

圆盘个数	移动次数
11	2047
12	4095
13	8191
14	16383
15	32767
…	…
24	16777215

圆盘个数	移动次数
25	33554431
…	…
32	约43亿
…	…
40	约1兆
…	…
64	约1845京[注1]

注1　兆、京为计数单位，1兆=1万亿。在中国台湾地区、日本和韩国，京用10的16次方表示，即万兆，但很少使用。

4.4.4 查找文件夹中的文件

在Windows等操作系统中，可以将文件按层级结构进行管理。在文件夹中不仅能保存文件，还能保存文件夹（图4.18）。

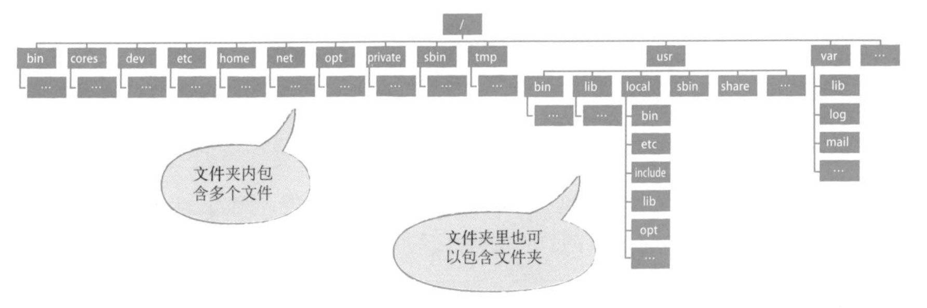

图4.18　文件夹的层级结构

接下来，我们将考虑如何在某个文件夹中查找具有特定文件名的文件。在Python的os模块中提供了可以获取某个文件夹中的某个文件或文件夹列表的listdir函数。

例如，执行如下所示的代码就可以获取根目录当中的目录列表。

执行结果　**获取根目录中的目录列表**

```
$ python
>>> import os
>>> print(os.listdir('/'))
['home', 'usr', 'net', 'bin', 'sbin', 'etc', 'var', 'private', 'opt', 'dev',
'tmp', 'cores']
>>>
```

此外，还有isdir函数，可用于确认指定的路径是文件还是文件夹，以及用于确认指定的路径是否为文件的isfile函数。

执行结果　**获取根目录中的目录列表**

```
$ python
>>> import os
>>> for i in os.listdir('/'):
...     print(i + ' : ' + str(os.path.isdir('/' + i)))
...     print(i + ' : ' + str(os.path.isfile('/' + i)))
home : True
home : False
usr : True
usr : False
(略)
```

然而，访问文件或目录时是需要权限的。确认这一权限时，可以使用os.access函数。在函数中的第一个参数中指定目录或文件的名称，第二个参数中指定需要确认的内容（表4.2）。

表4.2　os.access 函数的参数

第二个参数的值	确认的内容
os.F_OK	是否存在
os.R_OK	是否可读
os.W_OK	是否可写
os.X_OK	是否可执行

接下来，我们将考虑使用这些函数从列表中找出文件。例如，下面将尝试创建从所有的目录中查找名为book的目录的程序。

1. 深度优先查找

首先，我们将通过深度优先查找来实现（程序清单4.15）。将需要查找的目录和名称作为参数传递给函数，创建在该目录中进行查找的函数。如果存在匹配的目录或文件就将其输出，如果遇到的是目录，就对其下一级的子目录进行递归查找。

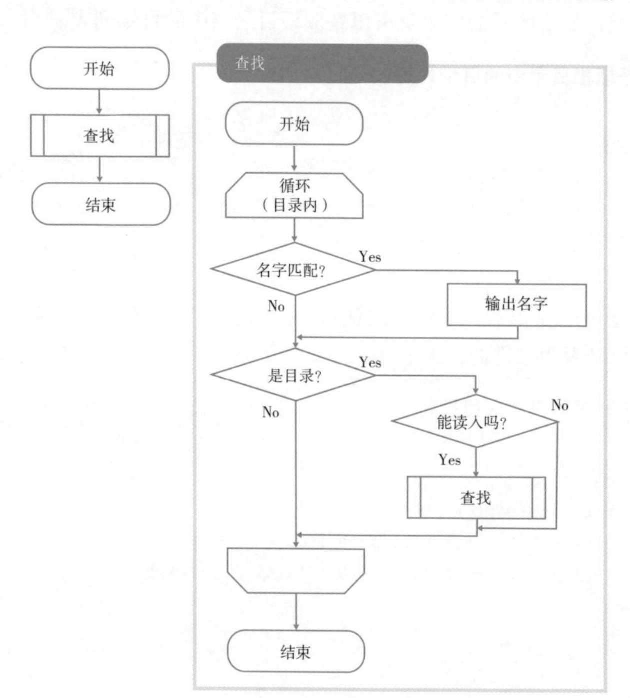

程序清单4.15　search_file1.py

```
import os

def search(dir, name):
    for i in os.listdir(dir):
        if i == name:
            print(dir + i)
        if os.path.isdir(dir + i):
            if os.access(dir + i, os.R_OK):
                search(dir + i + '/', name)


search('/', 'book')
```

2. 广度优先查找

接下来，将尝试使用广度优先查找来实现（程序清单4.16）。

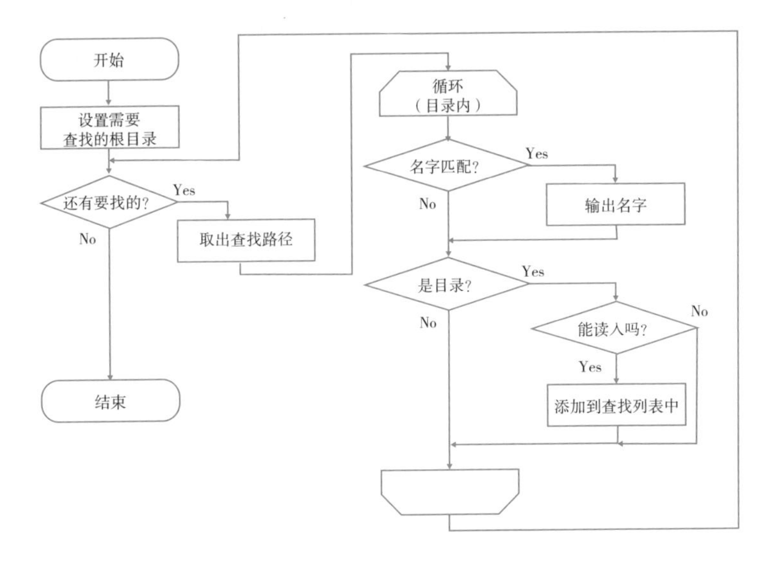

程序清单4.16　search_file2.py

```
import os

queue = ['/']

while len(queue) > 0:
    dir = queue.pop()
```

```
    for i in os.listdir(dir):
        if i == 'book':
            print(dir + i)
        if os.path.isdir(dir + i):
            if os.access(dir + i, os.R_OK):
                queue.append(dir + i + '/')
```

4.4.5 井字棋

究竟什么是井字棋呢？如果把它想象成是一种○ × 游戏，就容易理解了。这是一种在3×3的棋盘中交替绘制○和 ×，在纵向、横向、斜向中任意一个方向上连续排列三个相同的标记就表示获胜的游戏。

我们可以使用不同的方法来实现这一操作。为了帮助大家练习，我们将尝试使用位运算。将先手和后手分别保存在不同的变量中，然后将二进制的各个位分配到9个位置的格子中。

例如，如果图4.19（a）中字母使用二进制来表示，○与 × 的状态就可以表示为图4.19（b）的形式。

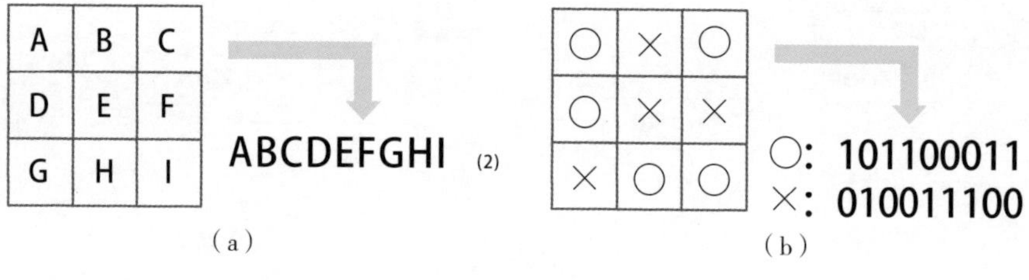

图4.19 使用二进制表示

如果像这样使用二进制表示，空白处的格子应该填入什么数字，就可以通过对先手和后手的变量进行OR 运算得出（如果所有的格子都已经填满，则使用OR 运算时，所有的位都将变成1）。

当连续放置了三个相同标记时就需要对胜负进行判断，因此我们事先准备了三个相同标记排列在一起的样本。如果这一样本和使用AND 运算得出的结果是相同的，就可以判断出三个相同的标记是连在一起的。

例如，当我们需要对最上方的一行是否排列了相同的三个标记进行判断时，图4.20（a）即使进行了AND 运算，结果也是不一致的，而图4.20（b）的运算结果是一致的。

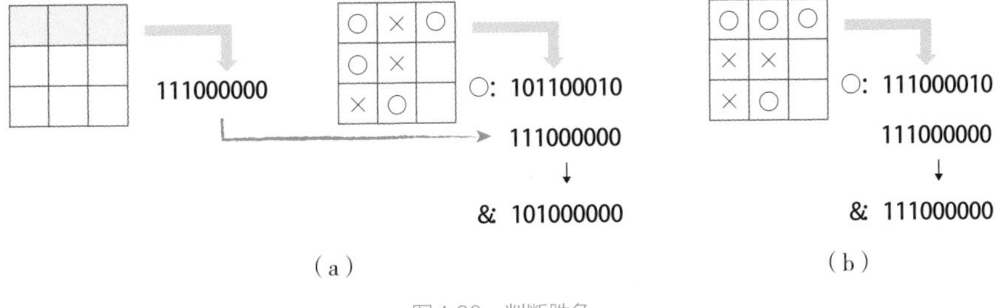

图4.20 判断胜负

首先，我们将考虑在计算机与计算机之间的对战中，如何在空白的格子里随机放置棋子的方法。空白格子所处的位置，可以通过对当前盘面（双方使用OR运算的结果）中的每一位进行AND运算，结果为0的位置得出（程序清单4.17）。

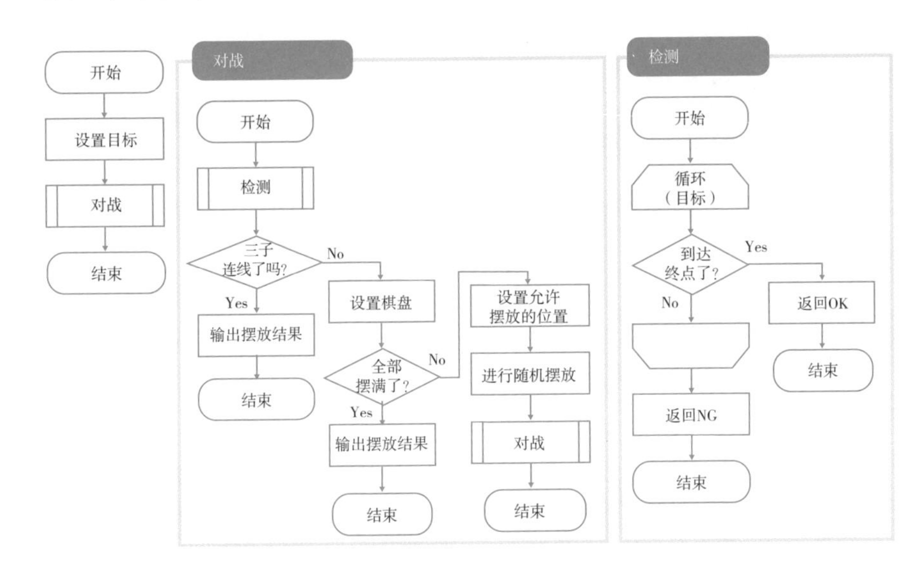

程序清单4.17 marubatsu1.py

```
import random

goal = [
    0b111000000, 0b000111000, 0b000000111, 0b100100100,
    0b010010010, 0b001001001, 0b100010001, 0b001010100
]

# 判断三个相同的标记是否排列在一起
def check(player):
```

```
    for mask in goal:
        if player & mask == mask:
            return True
    return False

# 交替放棋子
def play(p1, p2):
    if check(p2):      # 如果三个相同的标记排列在一起，就输出并结束处理
        print([bin(p1), bin(p2)])
        return

    board = p1 | p2
    if board == 0b111111111:     # 棋盘全部填满后，平局结束
        print([bin(p1), bin(p2)])
        return

    # 查找可以下棋的位置
    w = [i for i in range(9) if (board & (1 << i)) == 0]
    # 尝试随机的下棋
    r = random.choice(w)
    play(p2, p1 | (1 << r))    ←调换下棋顺序，进行下一步的查找

play(0, 0)
```

使用极小化极大算法进行评估

如果只是在空的格子里随机地下棋子，有时可能会发生明明可以获胜，却因为没有正确地放置棋子而失败的情况，或者明明知道在某个位置放置棋子会失败却依然放置了棋子的情况。为了防止这些问题的发生，下面将尝试创建稍微复杂一些的程序。

也就是说，在考虑了对手可能会如何下棋的基础上，再在获胜的可能性最大的位置上放入棋子。在计算机中解决这类游戏对战的问题，可以使用一种名为极小化极大的算法。

所谓极小化极大算法，是假定对手下的棋是对自己最不利的一手，然后找出最佳应对方法的算法。例如，当人类和计算机进行对战游戏时，考虑从如图4.21所示的a、b、c、d的四个分支中选择一个对计算机有利的一手。最下面一排数字是对局势的评估值。

首先，我们需要思考应当如何选择图4.22中填充了颜色的部分。由于是考虑在这种局势下对计算机而言最有利的方案，因此计算机会从下列能够选择的分支中选出评估值最高的路径。

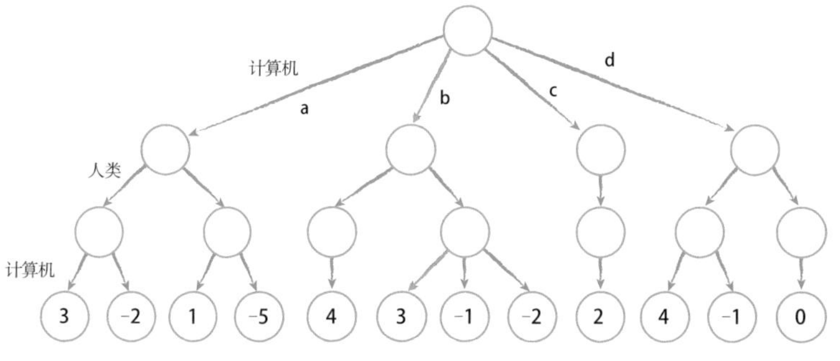

图4.21　极小化极大算法的评估值

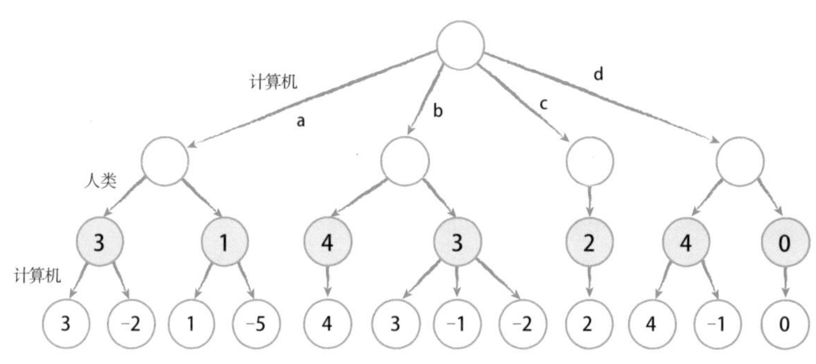

图4.22　计算机会选择评估值最高的路径

接下来，我们会考虑选择对计算机而言最不利的。也就是说，会在图4.23中填充了颜色的部分选择可选分支中评估值最低的路径。

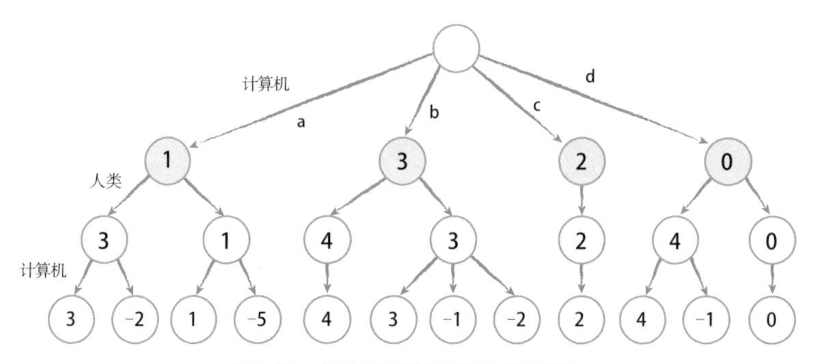

图4.23　人类会选择评估值最低的路径

最后，由于是考虑在四个路径中选择对计算机最有利的路径，因此就会选择图4.23中评估值最高的b。

下面将实现这一操作。此外，作为本次○ × 游戏的评估值，如果获胜得1分，失败得-1分，平局则得0分（程序清单4.18）。

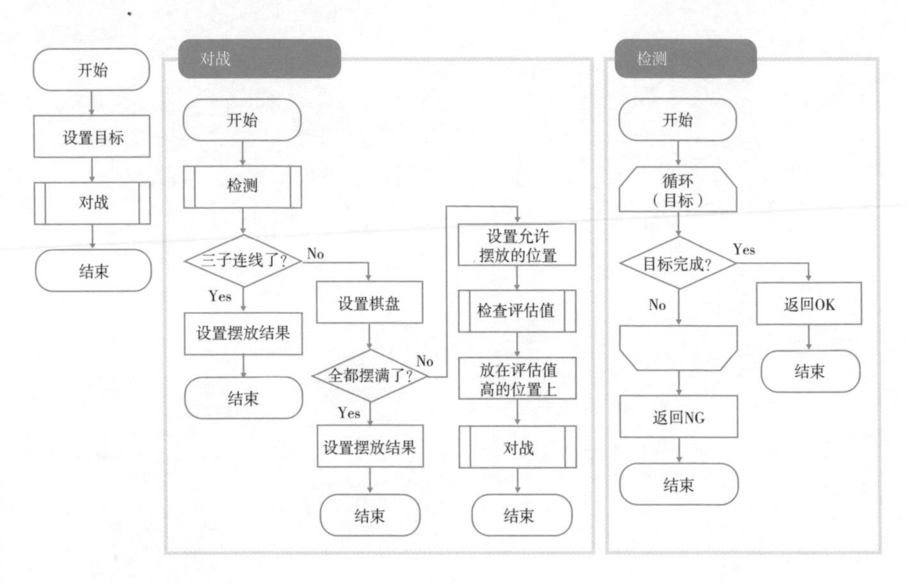

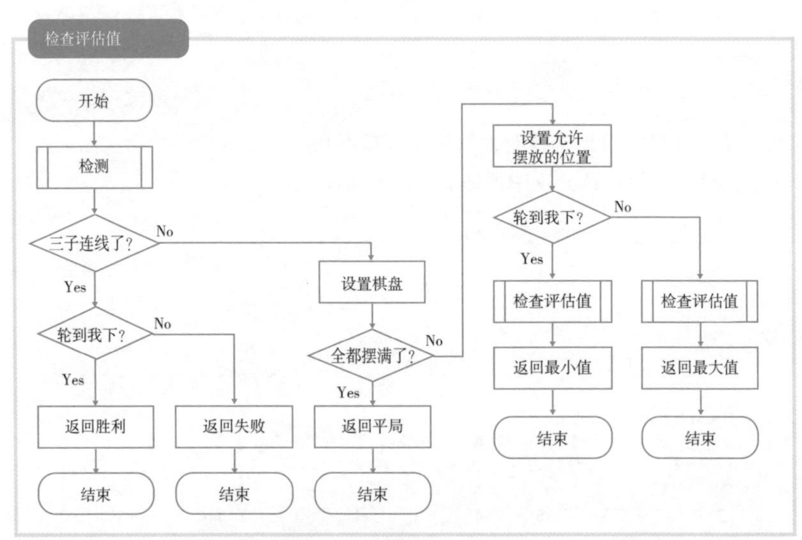

程序清单4.18　marubatsu2.py

```
goal = [
    0b111000000, 0b000111000, 0b000000111, 0b100100100,
    0b010010010, 0b001001001, 0b100010001, 0b001010100
]

# 判断三个相同的标记是否排列在一起
def check(player):
    for mask in goal:
        if player & mask == mask:
            return True
    return False

# 极小化极大算法
def minmax(p1, p2, turn):
    if check(p2):
        if turn:          ←如果轮到自己下，就表示获胜
            return 1
        else:             ←如果轮到对手下，则表示失败
            return -1

    board = p1 | p2
    if board == 0b111111111:        ←棋盘全部下满则是平局
        return 0

    w = [i for i in range(9) if (board & (1 << i)) == 0]

    if turn:        ←轮到自己下棋时选择最小值
        return min([minmax(p2, p1 | (1 << i), not turn) for i in w])
    else:           ←轮到对方下棋时选择最大值
        return max([minmax(p2, p1 | (1 << i), not turn) for i in w])

# 轮流下棋
def play(p1, p2, turn):
    if check(p2):     # 如果三个相同的标记排列在一起，输出并结束处理
        print([bin(p1), bin(p2)])
        return

    board = p1 | p2
    if board == 0b111111111:     # 棋盘全部下满时平局并结束处理
        print([bin(p1), bin(p2)])
        return
```

```
    # 查找可下棋的位置
    w = [i for i in range(9) if (board & (1 << i)) == 0]
    # 确认各个位置中所下棋子的评估值
    r = [minmax(p2, p1 | (1 << i), True) for i in w]
    # 获取评估值最高的位置
    j = w[r.index(max(r))]
    play(p2, p1 | (1 << j), not turn)

play(0, 0, True)
```

执行上述代码，就可以得到如下所示的结果。

执行结果　**执行marubatsu2.py（程序清单4.18）**

```
C:\>python marubatsu2.py
['0b10011100', '0b101100011']
C:\>
```

上述程序是按照如图4.24所示的顺序执行的。从图中可以看出，双方都在为了获胜而谨慎地选择落子的位置。

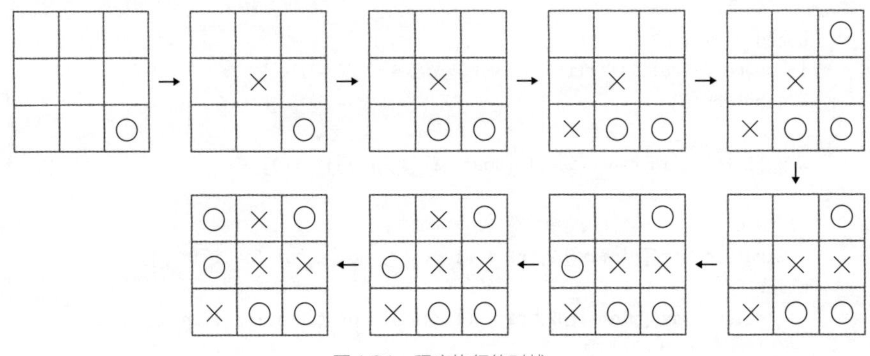

图4.24　程序执行的对战

然而，这个程序无论实现多少次都只能得到相同的结果，并不有趣。这是因为如果是相同的评估值就总是会选择最开始的那一个值。下面将尝试在相同的评估值中随机进行选择（程序清单4.19）

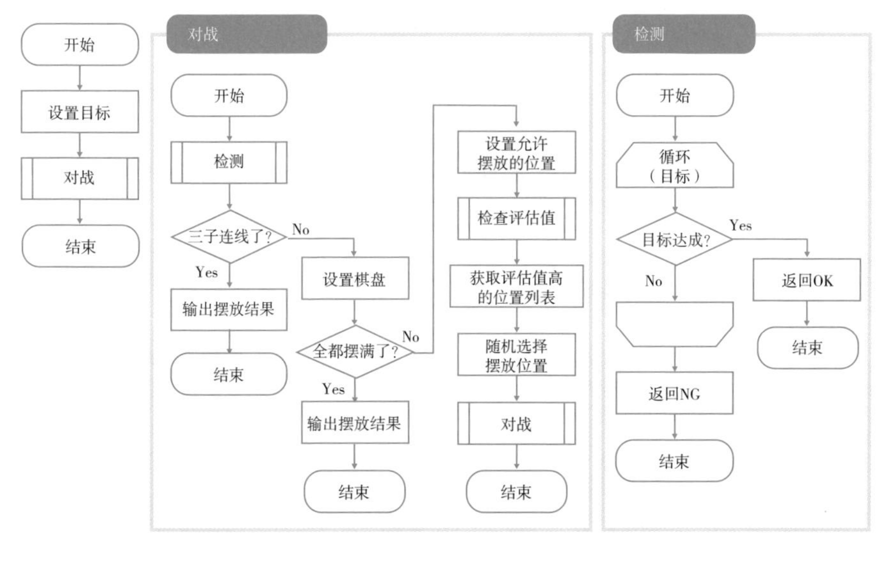
开始
设置目标
对战
结束
对战
开始
检测
三子连线了?
No
Yes
输出摆放结果
结束
设置棋盘
全都摆满了?
No
Yes
输出摆放结果
结束
设置允许
摆放的位置
检查评估值
获取评估值高
的位置列表
随机选择
摆放位置
对战
结束
检测
开始
循环
（目标）
目标达成?
Yes
No
返回OK
结束
返回NG
结束

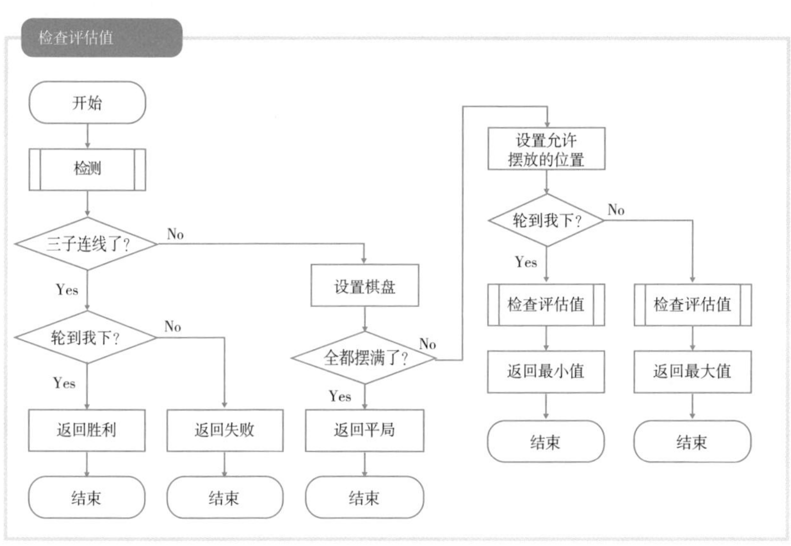
检查评估值
开始
检测
三子连线了?
No
Yes
轮到我下?
No
Yes
返回胜利
结束
返回失败
结束
设置棋盘
全都摆满了?
No
Yes
返回平局
结束
设置允许
摆放的位置
轮到我下?
No
Yes
检查评估值
返回最小值
结束
检查评估值
返回最大值
结束

程序清单4.19　marubatsu3.py

```
import random

goal = [
    0b111000000, 0b000111000, 0b000000111, 0b100100100,
    0b010010010, 0b001001001, 0b100010001, 0b001010100
]

# 判断三个相同的标记是否排列在一起
def check(player):
    for mask in goal:
        if player & mask == mask:
            return True
    return False

# 极小化极大算法
def minmax(p1, p2, turn):
    if check(p2):
        if turn:
            return 1
        else:
            return -1

    board = p1 | p2
    if board == 0b111111111:
        return 0

    w = [i for i in range(9) if (board & (1 << i)) == 0]

    if turn:
        return min([minmax(p2, p1 | (1 << i), not turn) for i in w])
    else:
        return max([minmax(p2, p1 | (1 << i), not turn) for i in w])

# 轮流下棋
def play(p1, p2, turn):
    if check(p2): # 如果三个相同的标记排列在一起，输出并结束处理
        print([bin(p1), bin(p2)])
        return

    board = p1 | p2
    if board == 0b111111111: # 棋盘全部下满时平局并结束处理
        print([bin(p1), bin(p2)])
```

```
        return

    # 查找可下棋的位置
    w = [i for i in range(9) if (board & (1 << i)) == 0]
    # 确认各个位置中所下棋子的评估值
    r = [minmax(p2, p1 | (1 << i), True) for i in w]
    # 获取评估值最高的位置
    i = [i for i, x in enumerate(r) if x == max(r)]
    # 随机选择一个
    j = w[random.choice(i)]
    play(p2, p1 | (1 << j), not turn)

play(0, 0, True)
```

经过上述修改之后，程序就可以产生各种不同的结果。然而，由于双方都是为了获胜而谨慎地选择路径下棋，因此结果总是平局。对于井字棋，如果双方作出的都是正确的决定，那么最后肯定是打成平手的。

这次我们实现的是计算机与计算机之间的对战，建议大家尝试编写计算机可以与人类对战的程序。使用我们在第2章中讲解过的接收标准输入的方法，实现起来并不会很难的。

在实际应用中非常重要的剪枝处理

在上述井字棋的学习中，我们对人类与计算机双方在对战时所能采用的全部方案进行了查找。井字棋最多也只有9手棋，因此即使是查找全部的对战模式，也不会花费太多的时间，而如果是进行围棋或象棋对战，要找出全部的对战步骤几乎是不可能的事情。

因此，我们就需要设法设置一定的基准，禁止程序对低于该基准的路径进行探索。这样的方法被称为剪枝处理。这一方法不仅需要事先对查找的分支数量进行设置，还需要对当评估值低于（高于）某个数时就终止查找等条件进行设置。

如果可以在初期阶段进行剪枝处理，需要查找的分支数量就会比较少而且效率更高，然而，如果因此而导致本应查找的分支被剪掉了，那么这个操作就没有意义了。因此，根据问题的种类来设置最合适的剪枝条件既是比较难的部分，也是比较有趣的部分。

理解程度Check！

●**问题1** 假设现有一栋10层高的建筑，请计算乘坐电梯从1楼去往10楼时，停止的楼层一共有几种组合。

此外，电梯是只往上移动的，不会在中途往下移动。例如，如果是5层建筑，它的停止楼层总共有下列8种组合。

（1）1层→2层→3层→4层→5层

（2）1层→2层→3层→5层

（3）1层→2层→4层→5层

（4）1层→2层→5层

（5）1层→3层→4层→5层

（6）1层→3层→5层

（7）1层→4层→5层

（8）1层→5层

●**问题2** 请在下列都道府县的行政区列表中进行选择，计算人口总数最接近一千万的组合以及该组合的人口总数，见表4.3。

表4.3 2015 年人口普查中各个都道府县的人口数量

都道府县	人口	都道府县	人口	都道府县	人口
北海道	5381733	青森县	1308265	岩手县	1279594
宫城县	2333899	秋田县	1023119	山形县	1123891
福岛县	1914039	茨城县	2916976	枥木县	1974255
群马县	1973115	埼玉县	7266534	千叶县	6222666
东京都	13515271	神奈川县	9126214	新泻县	2304264
富山县	1066328	石川县	1154008	福井县	786740
山梨县	834930	长野县	2098804	岐阜县	2031903
静冈县	3700305	爱知县	7483128	三重县	1815865
滋贺县	1412916	京都府	2610353	大阪府	8839469
兵库县	5534800	奈良县	1364316	和歌山县	963579
鸟取县	573441	岛根县	694352	冈山县	1921525
广岛县	2843990	山口县	1404729	德岛县	755733
香川县	976263	爱媛县	1385262	高知县	728276
福冈县	5101556	佐贺县	832832	长崎县	1377187
熊本县	1786170	大分县	1166338	宫崎县	1104069
鹿儿岛县	1648177	冲绳县	1433566		

比较数据排序所需的时间

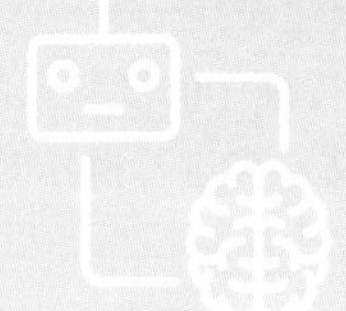

在处理数据时，经常会使用排序 (sort) 这一操作。接下来，我们将思考在使用排序操作时，应当按照怎样的方式进行处理才是最为有效的。

5.1 日常生活中所使用的排序

√ 思考日常生活中的排序操作。

√ 理解必须学习排序算法的理由。

5.1.1 需要使用排序的场景

在我们的日常生活中会出现很多需要进行排序的场景。例如，当我们制作地址簿时可以按照字母进行排序，而在对文件和文件夹进行操作时，不仅可以根据字母，还可以根据更新日期等不同方式进行排序。

排序操作并不限于成年人的生活中，它还出现在孩子们对分到手的卡片进行排序的场景中。当孩子们在玩“排七”等游戏时，将手头的卡片按数字的大小进行排序，就可以立即选出自己想要给出的卡片。

排列的序列并不局限于从小到大的顺序。当需要知道销量高的商品时，也可以按照销量由高到低的顺序进行排序；当需要知道访问人数最多的店铺时，可以按照人数由大到小的顺序进行排序。此外，排序的基准也可以是数字、文字或者日期等各种不同的要素。

只不过，无论是按照哪种形式进行排序，在计算机中都是当作数字进行处理的。如果数据是文件，也可以将文件名作为基准进行排序。下面假设已经将数据保存到了列表中，并考虑对其中的数据进行升序排列（图5.1）。

1
2
3
4
5
6
A
B

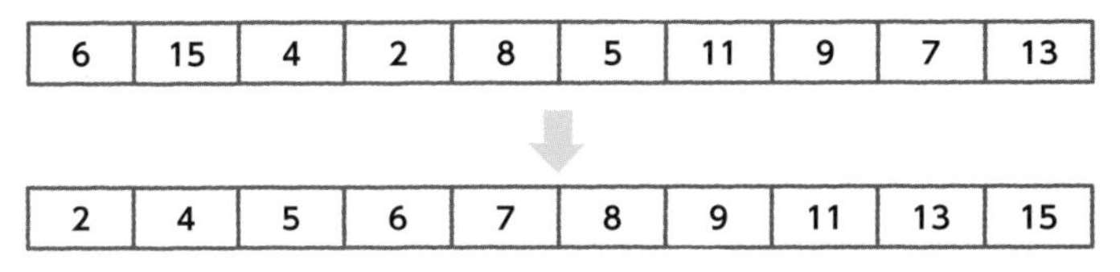

图5.1 排序(sort)的概要

5.1.2 学习排序算法的理由

如果需要处理的是10个左右的数字，作为人类只靠手动操作即可简单地完成排序，然而，如果是上万个数字，甚至上亿数字，就需要采用更为高效的排序方法。为了完成此类排序操作人们进行了大量的探索，这类算法自古以来就是人们重点的研究对象。

最近大家通常都会使用软件库，因此理解其中的实现方法是非常重要的。虽然排序只是个非常基本的问题，但是这类算法的实现思路对于我们编写其他程序也有很多值得参考的地方。

例如，排序不仅可以用于学习循环和条件语句、列表的处理、函数的创建、递归调用这类编程的基本技巧，还可以用于算法复杂度的比较，甚至可以说是证明计算复杂度这一指标的重要性的典型问题。此外，由于排序算法的处理非常简单，实现时无须花费太多时间，是一种非常实用的程序。因此，它用于很多的教科书中。

在第4章中讲解过的二分查找中也需要使用排序。虽然二分查找算法效率非常高，但是如果排序速度很慢，也同样是没有意义的。因此，排序对于实现高性能的算法而言是必须考虑的。

Memo 使用列表处理的值

在接下来的章节中将要讲解的所涉及的列表处理的值都是正整数而且没有重复，实际上即使是负数、小数甚至是重复的数，也同样是可以顺利执行的。

5.2 选择排序

√ 理解选择排序的处理步骤，并掌握编程实现选择排序的方法。

√ 理解选择排序的算法复杂度。

5.2.1 选择较小的对象

所谓选择排序，是指从列表中选择最小的元素将其往前面移动的方法。对列表中所有的元素进行查找，找出其中最小的元素并将找到的数值与列表开头的数值进行交换。

下面，我们将思考如何在列表中找出最小元素所在位置。常用的方法是，从开头按顺序进行查找，如果发现了比前面元素更小的元素，就对该元素的位置进行记录。

首先将列表开头元素的位置传递给变量，再对列表使用线性查找方法按顺序依次进行查找和比较，就可以得到如程序清单5.1 所示的结果。

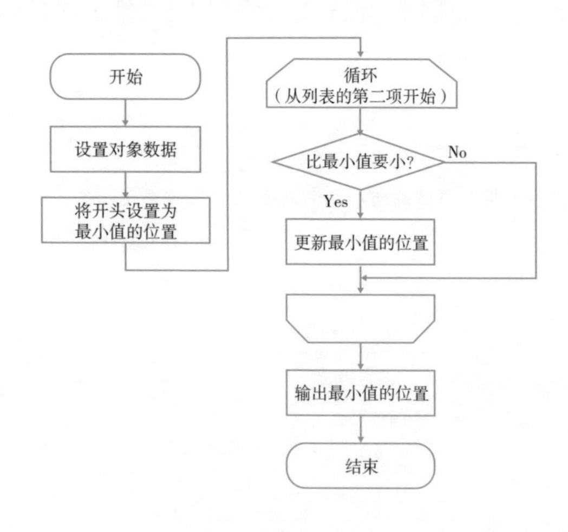

程序清单5.1 search_min.py

```
data = [6, 15, 4, 2, 8, 5, 11, 9, 7, 13]

min = 0                    ←将列表的开头作为最小值的位置的初始值进行设置
for i in range(1, len(data)):
    if data[min] > data[i]:
        min = i            ←当最小值被更新时，设置该数值的位置

print(min)
```

执行上述代码后，最小元素2所在的位置3将会被输出。

执行结果 执行search_min.py（程序清单5.1）

```
C:\>python search_min.py
3
C:\>
```

上述方法也可以在选择排序中使用。首先，在整个列表中查找最小的数值，将找到的位置的值与开头位置的值进行交换（图5.2）。

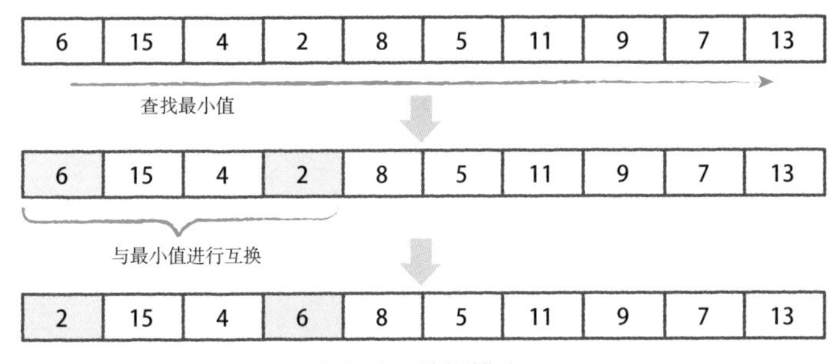

图5.2 选择排序

然后，再在列表中第2个之后的元素中查找最小的值，将其与第2个元素的值进行交换。重复这一操作直至列表的末尾即可结束排序。

5.2.2 编程实现选择排序

如果使用Python编程实现，可以如程序清单5.2所示进行代码编写。

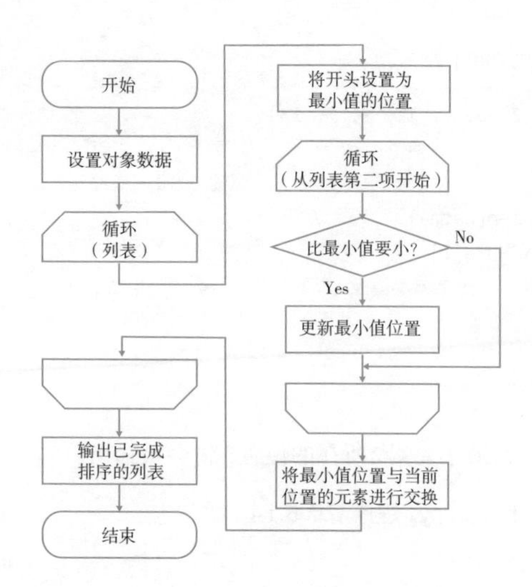

程序清单5.2 select_sort.py

```
data = [6, 15, 4, 2, 8, 5, 11, 9, 7, 13]

for i in range(len(data)):
    min = i                    ←设置最小值的位置
    for j in range(i + 1, len(data)):
        if data[min] > data[j]:
            min = j            ←当最小值被更新时，设置该数值的位置

    # 将最小值的位置与当前元素进行交换
    data[i], data[min] = data[min], data[i]

print(data)
```

位于内部的循环中使用的是刚刚介绍的查找最小值的方法。将找到的比前面的数值更小的值的列表索引进行保存，在结束循环后将该索引中的值与前面的数值进行交换。

执行这一程序，就可以得到如下所示的结果。从结果中可以看出，数值正确地进行了排序。

执行结果 select_sort.py（程序清单5.2）

```
C:\>python select_sort.py
[2, 4, 5, 6, 7, 8, 9, 11, 13, 15]
C:\>
```

5.2.3 选择排序的算法复杂度

当查找第一个最小值时，需要与剩余的n–1个元素进行比较，同样地，查找第2个最小值时，需要进行n–2次的比较。因此，整体的比较次数就是$(n-1)+(n-2)+\cdots+1=\frac{n(n-1)}{2}$（关于这一计算的相关知识，请参考4.1.3小节的Column计算平均值）。

如果输入的数据是按由小到大的顺序排列的，虽然无须进行排序处理，但是需要进行比较。比较的次数$\frac{n(n-1)}{2}$可以变形为$\frac{1}{2}n^2-\frac{1}{2}n$，与前半部分的$n^2$相比，后面$n$的部分当$n$的数值变大时是可以忽略的，因此其算法复杂度就是$O(n^2)$。

链表的排序

在本书中，对排序算法进行讲解时使用的是列表（数组）数据结构。然而，实际上，也会存在使用链表构成数据的情况。

当然，即使是链表结构也是可以使用与列表相同的方法进行排序的，只不过它不是单纯地对元素编号进行访问，而是需要对每个元素中所包含的下一节点的地址进行修改。

对于后续内容中所讲解的排序处理，建议读者在完成阅读之后继续尝试对链表进行排序操作。此外，也希望读者能够对排序算法的算法复杂度进行思考。这样不仅可以加深对排序算法本质的理解，还能够熟练掌握链表的使用方法，可谓是一举两得。

5.3 插入排序

√ 理解插入排序的处理步骤，并掌握编程实现插入排序的方法。

√ 理解插入排序的算法复杂度。

5.3.1 向已排序的列表中添加数据

插入排序是指，在已经排序过的列表中，将需要添加的数据从开头依次进行比较，找到保存的位置并将数据进行插入的方法。实际上，可以认为是开头部分使用的列表已经经过排序，将剩余部分插入到合适的位置上即可（图5.3）。也就是说，需要将位于插入位置之后的数据逐个往后移动。

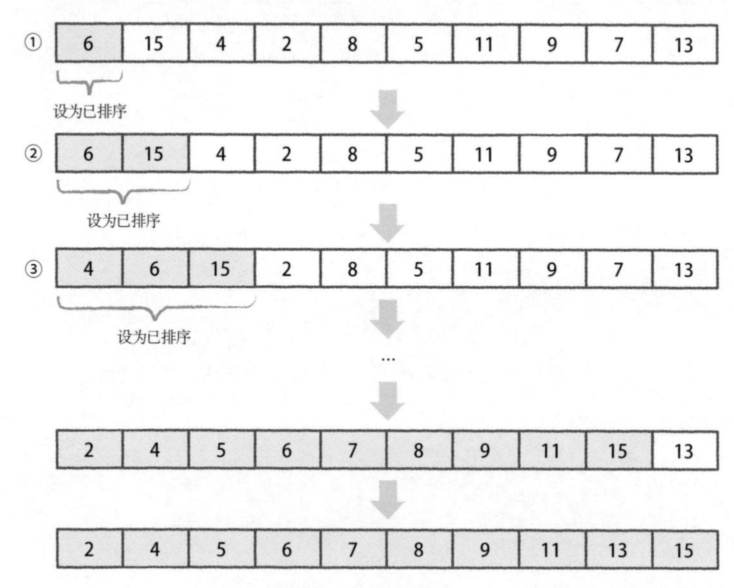

图5.3 插入排序

首先，假设列表开头的数字已经经过排序处理（①），如图5.3所示。只有数字6是已经排序好的。然后，再将剩余数据中最左边的数字15提取出来，与已经排好序的数字进行比较（②）。这里是将数字6与数字15进行比较，由于15大于6，因此无须对这两个数字进行交换即可完成对这两个数字的排序。

之后，再将剩余数据中最左边的数字4提取出来，与已经排好序的数字进行比较（③）。当前情况下，是将数字4与6和15进行比较，由于数字4小于6和15，因此将数字4放到列表的开头处。

5.3.2 从后往前移动

下面我们思考要将6、15、4的顺序排列成4、6、15的顺序时，应当如何实现（图5.3的①~③）。在这里，需要将4插入到开头处，而列表的开头已经插入了6，那么就需要将6进行移动。然而，6所需要移动的位置，也就是列表的第二个位置上已经插入了15。这样一来，就需要将15进行移动。

此时，我们可以考虑将数字4保存到临时提供的变量中，将数字6和15往后移动一个位置。这种情况下，如果将前面的数字按顺序往后移动，位于后面的值就会被覆盖，因此需要将要移动的数字从列表的后面开始按顺序进行复制（图5.4）。

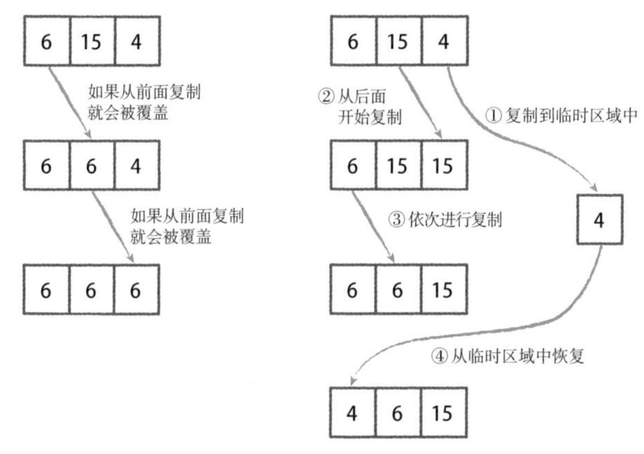

图5.4　从后往前移动

完成上述复制操作后，再将临时保存的数字4复制到开头处即可完成排序。重复执行这一操作直至列表的末尾，即可完成整个列表的排序处理。

5.3.3 编程实现插入排序

如果列表开头的数值是最小的数字，那么对于这个位置的数值就无须进行比较，也不会产生数据交换操作。如果某个数字比已经排好序的数字更小，直到将该数字插入到最开头为止都需要对其进行比较和位置交换操作。

执行程序清单5.3中的程序，我们可以看到插入排序也与选择排序一样顺利地实现了。

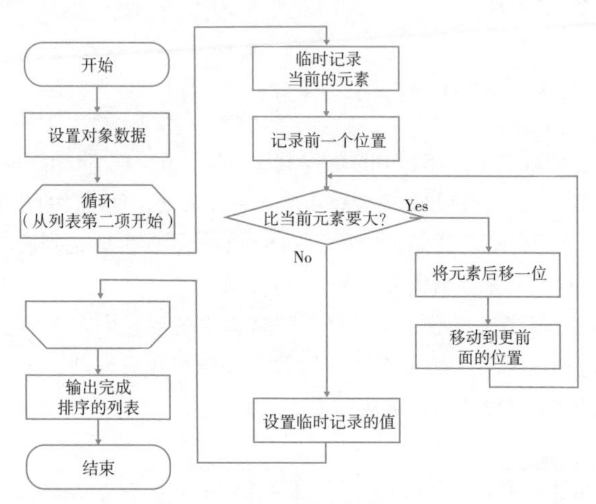

程序清单5.3　insert_sort.py

```
data = [6, 15, 4, 2, 8, 5, 11, 9, 7, 13]

for i in range(1, len(data)):
    temp = data[i]              ←临时记录当前的元素
    j = i - 1
    while (j >= 0) and (data[j] > temp):
        data[j + 1] = data[j]   ←元素分别往后移一位
        j -= 1
    data[j + 1] = temp          ←从临时保存的区域中恢复

print(data)
```

执行结果　执行insert_sort.py（程序清单5.3）

```
C:\>python insert_sort.py
[2, 4, 5, 6, 7, 8, 9, 11, 13, 15]
C:\>
```

5.3.4 插入排序的算法复杂度

最坏的情况是需要在列表的第二个位置上进行第1次、在第三个位置上进行第2次…在最右边的位置上进行第$n-1$次的比较和位置交换操作，这样总计就需要进行$1+2+\cdots+(n-1)=\frac{n(n-1)}{2}$次操作（这里的计算也与4.1.3小节的Column计算平均值相同）。因此，插入排序的算法复杂度就是$O(n^2)$。此外，如果没有发生交换位置的情况，就只需要进行比较即可，此时算法复杂度为$O(n)$。

在纸牌游戏中对纸牌进行排序时，大多数人是使用与选择排序或插入排序类似的方法。如果是纸牌游戏，排序时无须将其他的纸牌移动，只需要在纸牌之间插入纸牌即可，但是如果是列表进行这样的排序处理，有的情况下移动数据的处理可能会造成很大的问题。

二分查找插入排序

插入排序是从前半部分开始按顺序依次进行排序的。也就是说，前半部分已经排好序了，那么有些人可能会认为在探索插入位置时，可以使用第4章中讲解的二分查找方法来实现排序。

这的确是事实。使用二分查找，可以比单纯地插入排序更高速地计算出插入的位置。只不过，问题的关键在于插入时对列表所进行的移动处理。也就是说，即使高速地计算出了插入的位置，之后再对位于该位置后面的每个元素进行移动所需的时间也与插入排序是相同的。

由于插入排序中所花费的大量时间是用于移动处理的，即使使用二分查找计算出插入位置，也不见得会有什么效果。这样只会使处理变得更加复杂，因此通常是不采用这一方法的。

使用链表的插入排序

我们刚才也讲解过，使用插入排序时，问题在于列表的移动。可以说这是由于列表的数据结构所造成的问题。只要使用的是列表结构，那么对每个元素所进行移动处理就是无法避免的。

如果不使用列表而是使用链表，这一问题也许是可以解决的。链表可以按照$O(1)$的算法复杂度进行插入操作。也就是说，只要能计算出插入的位置，就可以高速地进行排序处理。

然而，计算插入位置时需要从开头进行循环处理。如果这里能使用二分查找是可以高速地进行处理的，但是二分查找却无法用于链表。从结果来看，使用链表进行插入排序也是徒劳的。由于使用链表不能像列表那样进行连续的处理，实际上它反而还会降低处理的速度。

5.4 冒泡排序

√ 理解冒泡排序的处理步骤，并掌握编程实现冒泡排序的方法。

√ 理解冒泡排序的算法复杂度。

5.4.1 对相邻数据进行交换

选择排序和插入排序都是通过对列表中的元素进行交换来实现排序处理的。因此，将它们称为交换排序也可以，但是通常我们所说的交换排序指的都是冒泡排序。

冒泡排序是对相邻的数据进行比较，当大小顺序不同时就会对其进行排序的方法（图5.5）。用水中不断冒起气泡的样子来形容数据移动的方式，就是冒泡排序这一名称的由来。

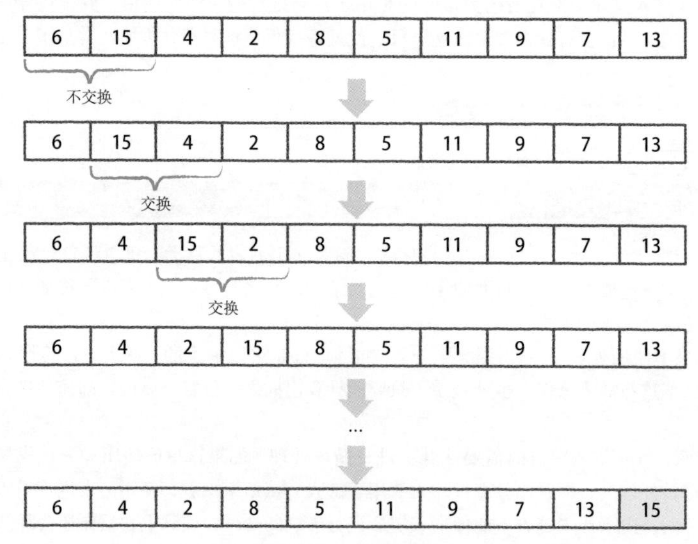

图5.5 冒泡排序

从列表的开头与紧随其后的数据开始进行比较，当左边的数据大于右边的数据时就对其进行交换，然后这样一个一个地进行移动并重复此操作。当移动到列表的末尾时，就表示第一次的比较已经完成。

此时，列表的末尾处放置的数据是最大值。进行第二次排序时，不再对末尾的数据进行比较，只对前面的数据进行比较，这样就可以得到第二大的值。反复执行这一操作，列表中所有的元素都会进行交换，这样就完成了整个列表的排序。

5.4.2 编程实现冒泡排序

如果使用Python实现，可以如程序清单5.4中所示的那样编写代码。

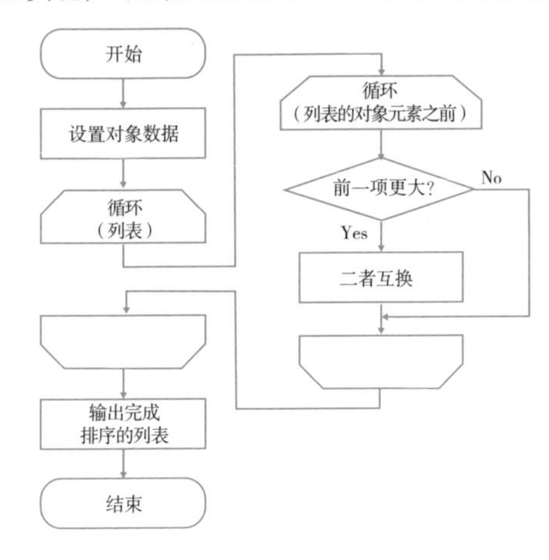

程序清单5.4　bubble_sort.py

```
data = [6, 15, 4, 2, 8, 5, 11, 9, 7, 13]

for i in range(len(data)):
    for j in range(len(data) - i - 1):  ←对未排序的部分进行循环处理
        if data[j] > data[j + 1]:       ←当前面的数值更大时
            data[j], data[j + 1] = data[j + 1], data[j]

print(data)
```

执行结果　执行bubble_sort.py（程序清单5.4）

```
C:\>python bubble_sort.py
[2, 4, 5, 6, 7, 8, 9, 11, 13, 15]
C:\>
```

在执行第一次冒泡排序时，需要进行 $n-1$ 次的比较和交换操作，在执行第二次冒泡排序时，需要进行 $n-2$ 次的比较和交换操作。因此，比较和交换的次数可以使用 $(n-1)+(n-2)+\cdots+1=\frac{n(n-1)}{2}$ 这一公式进行计算（这与选择排序、插入排序相同）。

无论输入数据的顺序是怎样排列的，这一比较次数都是相同的。如果输入的数据已经事先排列好，就不会产生交换操作，但是比较操作所需进行的次数是相同的。也就是说，执行上述代码时所需的时间与数据的排列顺序无关，复杂度都是 $O(n^2)$。

5.4.3 冒泡排序的改进

对于冒泡排序中没有发生数据交换的情况，可以考虑通过提前终止处理来加快处理的速度。对处理过程中是否发生了数据交换操作进行记录，如果没有发生交换，就无须继续执行之后的处理。

例如，程序清单5.5中使用了对是否发生了数据交换操作进行保存的变量change。如果发生了交换操作，就将change指定为True，如果没有发生交换操作，就指定为False。此外，如果没有发生交换操作，程序就会离开循环并结束处理。

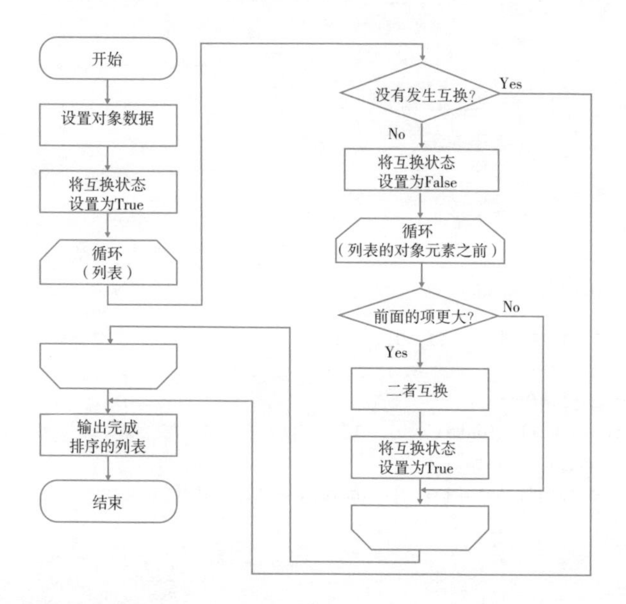

程序清单5.5　bubble_sort2.py

```
data = [6, 15, 4, 2, 8, 5, 11, 9, 7, 13]

change = True
for i in range(len(data)):
```

```
    if not change:            ←如果没有发生交换操作就结束处理
        break
    change = False            ←设置为没有发生交换操作
    for j in range(len(data) - i - 1):
        if data[j] > data[j + 1]:
            data[j], data[j + 1] = data[j + 1], data[j]
            change = True     ←发生了交换操作

print(data)
```

经过上述改进，如果遇到已经排序好的数据，那么外部的循环只需执行一次即可结束处理，因此时间复杂度就是 $O(n)$。然而，通常很少会遇到已经排序好的数据，因此我们通常都是使用最坏时间算法复杂度 $O(n^2)$ 进行估算。

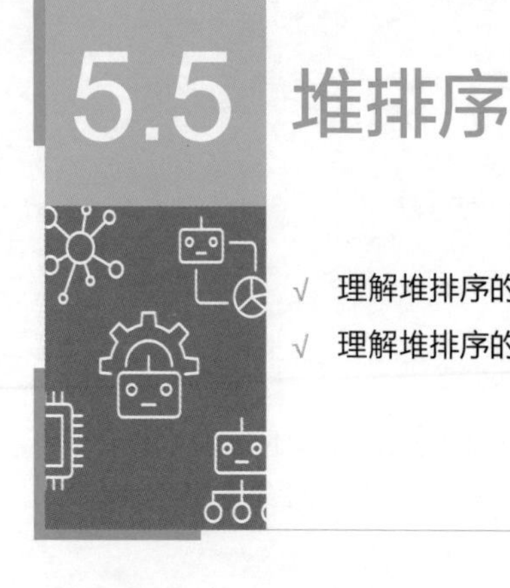

5.5 堆排序

√ 理解堆排序的操作步骤，并掌握编程实现堆排序的方法。

√ 理解堆排序的算法复杂度。

5.5.1 理解高效利用列表的数据结构

将数据保存到列表时，如果列表中已经保存了若干个数据，中途再往其中添加数据时，就需要对既有的所有元素进行移动。而从列表中取出数据时，如果不对被取出的元素或被删除的部分进行填充，就会出现空白的地方（图5.6）。

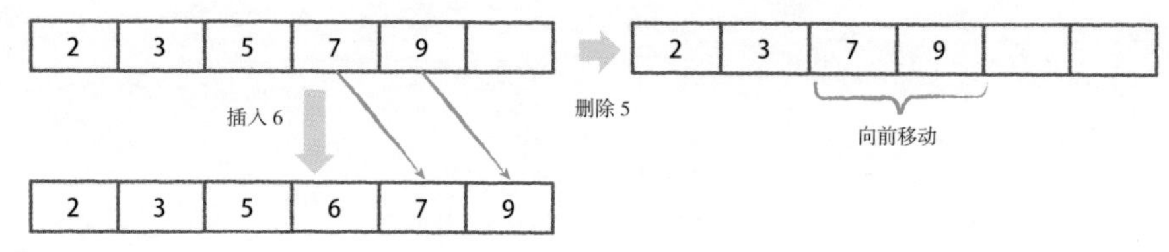

图5.6 列表的插入与删除

因此，我们可以考虑在列表的开头或末尾处进行数据的增删操作以实现更为高效的处理。这种情况下可以使用堆栈和队列这类数据结构，两者都是使用列表来存储数据的结构，只不过它们对数据的保存和读取顺序有所不同。

5.5.2 从最后保存的元素开始提取的堆栈

在对列表进行反复的添加和提取操作时，从最后保存的数据开始依次进行操作的结构称为堆栈（stack）。这个单词在英文中还含有堆叠的意思，就像叠在一起的箱子那样，从上方开始按顺序依次进行提取，这是一种只在单方向上对数据进行存取的方法（图5.7）。

图5.7　堆栈的示意图

由于首先是对最后保存的数据进行提取，因此还可以将这一操作称为后进先出（Last In First Out，LIFO）。将数据保存到堆栈的操作称为入栈，从堆栈中提取数据的操作则称为出栈（图5.8）。

使用列表表示堆栈时需要对列表中最后的元素所处的位置进行记录。这样一来就可以知道添加数据的位置或删除数据的位置，因此就能实现对数据的添加和删除操作的高速处理。不过，需要注意在操作的过程中添加的元素数量不能超过列表的大小。

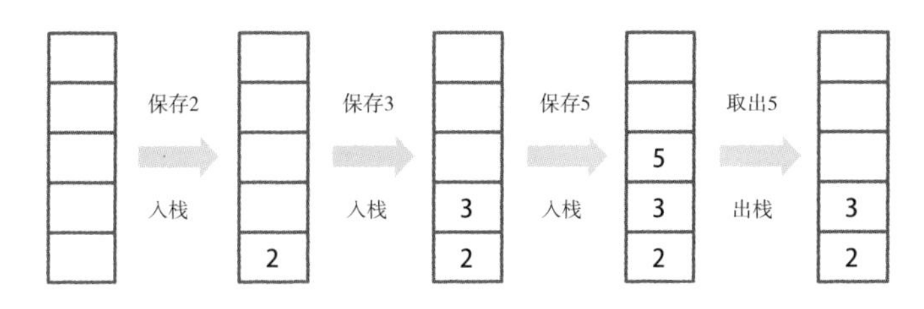

图5.8　堆栈

5.5.3 编程实现堆栈

向堆栈中添加元素时，只需要在列表的末尾添加元素即可，因此可以使用第1章中讲解的append函数（程序清单5.6）。与之相反，从列表的末尾提取元素时可以使用pop函数。执行pop函数时，程序不仅会将末尾的元素作为返回值返回，还会将列表中的该元素删除。

程序清单5.6　stack.py

```
stack = []

stack.append(3)          ←向堆栈中添加3
stack.append(5)          ←向堆栈中添加5
stack.append(2)          ←向堆栈中添加2

temp = stack.pop()       ←从堆栈中提取
print(temp)

temp = stack.pop()       ←从堆栈中提取
print(temp)

stack.append(4)          ←往堆栈中添加4

temp = stack.pop()       ←从堆栈中提取
print(temp)
```

执行结果　执行stack.py（程序清单5.6）

```
C:\>python stack.py
2
5
4
C:\>
```

此外，虽然Python中的pop函数可以将任意的位置作为参数进行指定，提取该位置的元素并将该元素删除，但是如果没有对参数进行指定，程序就会对末尾的元素进行提取操作。

5.5.4 从最初保存的元素开始提取的队列

与堆栈相反，按保存的顺序对数据进行提取操作的结构称为队列（Queue）。Queue的英文中含有排列的意思，就像打台球时击球，对于从一侧添加的数据，需要从相反的一侧进行提取（图5.9）。

图5.9 队列的示意图

由于首先是对最初保存的数据进行提取，因此也可以称为先入先出（First In First Out，FIFO）（图5.10）。将数据保存到队列的操作称为入队列，提取数据的操作则被称为出队列。

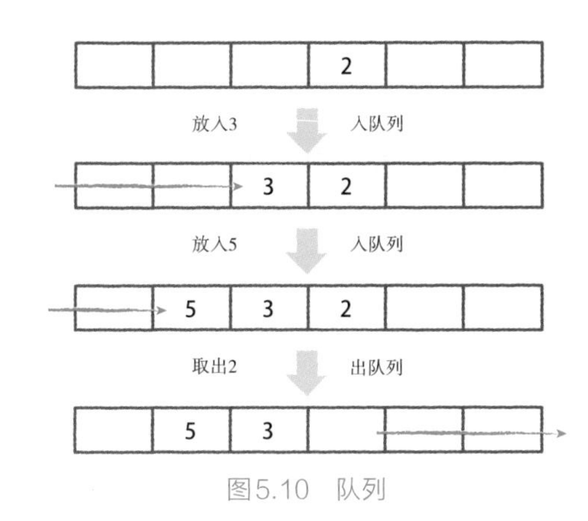

图5.10 队列

5.5.5 编程实现队列

向队列中添加元素时，与堆栈相同，只需要在列表的末尾添加元素即可，可以使用第1章中所讲解的append函数。只不过，从列表的开头提取元素时，如果使用的是pop函数，就会导致数组内的所有的元素产生移动。

在Python中提供了名为queue的模块。使用queue模块中的Queue类，就可以通过put方法和get方法分别实现队列的添加和提取操作（程序清单5.7）。

程序清单5.7 queue_sample.py

```
import queue
```

```
q = queue.Queue()

q.put(3)          ←向队列中添加3
q.put(5)          ←向队列中添加5
q.put(2)          ←向队列中添加2

temp = q.get()    ←从队列中提取
print(temp)

temp = q.get()    ←从队列中提取
print(temp)

q.put(4)          ←往队列中添加4

temp = q.get()    ←从队列中提取
print(temp)
```


执行结果　**执行queue_sample.py（程序清单5.7）**

```
C:\>python queue_sample.py
3
5
2
C:\>
```

此外，这里的文件名设置的是queue_sample.py。在读取queue模块时，如果将文件名修改为queue.py，则无法读取queue模块，而且会发生异常，因此在操作时需要注意。

queue模块中还提供了类似堆栈的使用方法：LIFO队列（LifoQueue）。此外，从Python 3.7开始还提供了名为SimpleQueue的成员类。大家也可以尝试使用这些方法。

5.5.6 使用树形结构表示堆

堆栈和队列都只能从单方向上对数据进行存取操作，而堆排序则是使用一种叫作堆的数据结构。堆是由第4章中所讲解的树形结构构成的，其中约定子节点的值总是大于等于父节点（有时也约定子节点总是小于等于父节点）。二叉堆是一种特殊的堆，每个节点最多只能拥有两个子节点。

树的形状由数据的个数决定，是尽量往上且往左堆积而成的。此外，对于子节点之间的大小关系并无相关约定。

例如，如图5.11所示的树形结构表示的就是堆。

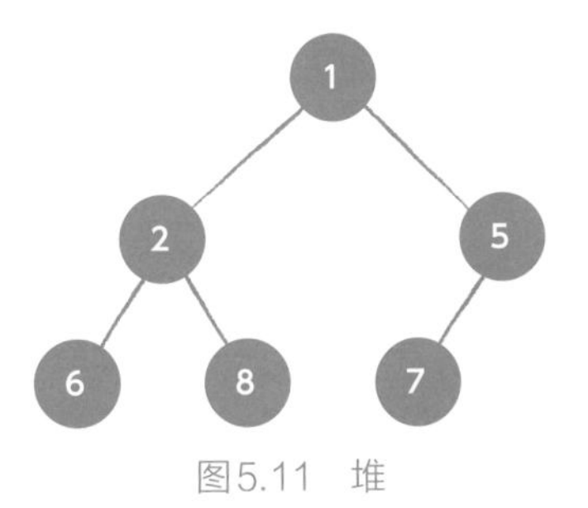

图5.11　堆

5.5.7 向堆中添加元素

向堆中添加元素时，需要在树形结构的最后进行添加。添加元素后，需要对添加的元素与父元素进行比较，如果比父元素小，则与父元素进行交换。如果父元素更小，则可以无须交换并结束处理。

下面将尝试在上面的堆中添加4，添加的数字会被分配到右下空余的位置，如图5.12（a）所示。然后，将其与父元素5进行比较，由于4比5小，因此对父元素与子元素进行交换，如图5.12（b）所示。

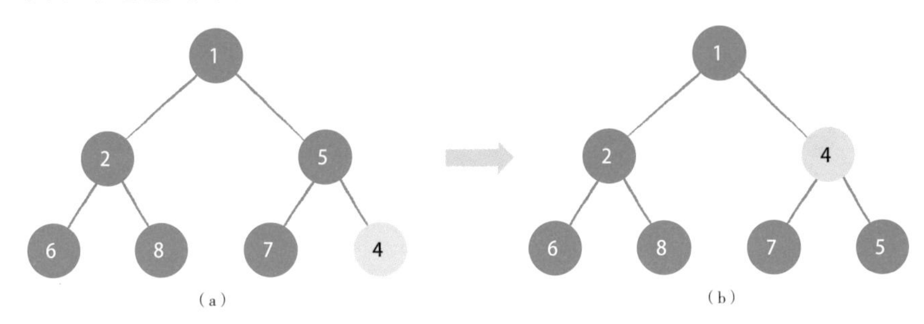

图5.12　向堆中添加元素

重复此操作直到不会发生元素的交换操作为止，这一过程才会结束。图5.12（b）所示为已经处理完毕的结果。

5.5.8 从堆中删除元素

接下来，将对提取元素的操作进行讲解。堆中的最小值一定会位于根节点中。也就是说，如果需要提取最小值，则只需对根节点进行访问即可快速完成。

然而，如果将根节点1提取出来，二叉树就会崩塌，如图5.13（a）所示。那么此时就需要再次构建整棵树。而在对树进行重新构建时，需要将位于末尾的元素移动到最上方的根节点，如图5.13（b）所示。

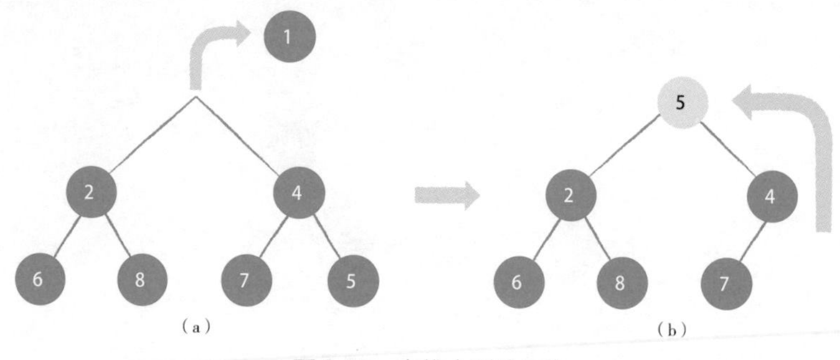

图5.13　向堆中删除元素

一旦将元素移动，那么父子节点的大小关系就会被改变，因此，如果子节点的数字小于父节点的数字就需要进行交换。这里是与左右的数字中最小的数字进行交换，如图5.14 所示。将5 与子元素2 和4 进行比较，2 是最小的，因此需要对5 与2 进行交换。

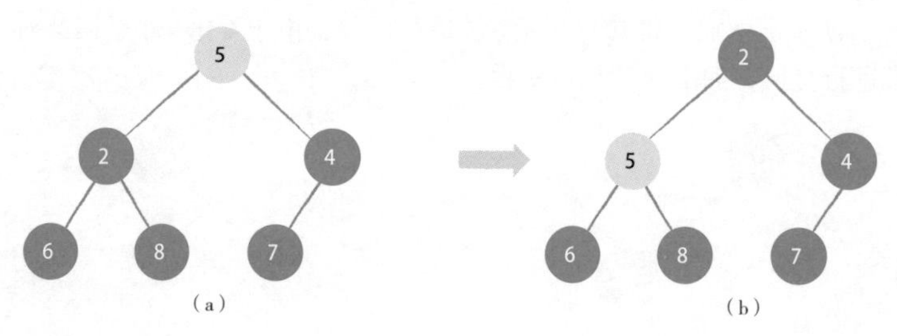

图5.14　两次构建堆

一直重复这一操作，直到不会发生父子节点交换的操作为止。图5.14（b）所示为已经完成交换操作的状态。

5.5.9 构建堆所需的时间

下面将对添加与提取操作所需花费的时间进行考察。在上面的添加操作中对树的父节点与子节点进行了交换，而这一操作会根据树的高度的不同而发生变化。由于堆中的每个节点最多只能拥有两个子节点，因此拥有 n 个节点的树的高度就是 $\log_2 n$。也就是说，添加元素所需要的时间可以通过时间复杂度 $O(\log n)$ 进行计算。此外，提取元素时，也需要对树的子元素进行比较，因此花费的时间同样也可以通过时间复杂度 $O(\log n)$ 进行计算。

这一方法也同样可以应用于排序中。首先，将所有的数字保存到堆中。保存完毕之后，将数字按由小到大的顺序进行提取，即可构成排好序的数据。当堆变空时，就表示排序操作结束。

5.5.10 编程实现堆排序

接下来将编程实现堆排序。使用列表构建二叉树时，如果采用图5.15 中的元素编号，子元素的索引就是父元素的索引的2倍加1和2倍加2的值。此外，父元素的索引还可以通过从子元素的索引减去1再除以2的商计算得出。

也就是说，假设根的节点编号为i，那么父节点就是$\frac{i-1}{2}$，左边的子节点就是$2i+1$，右边的子节点就是$2i+2$，可以如图5.15 所示用列表来实现。

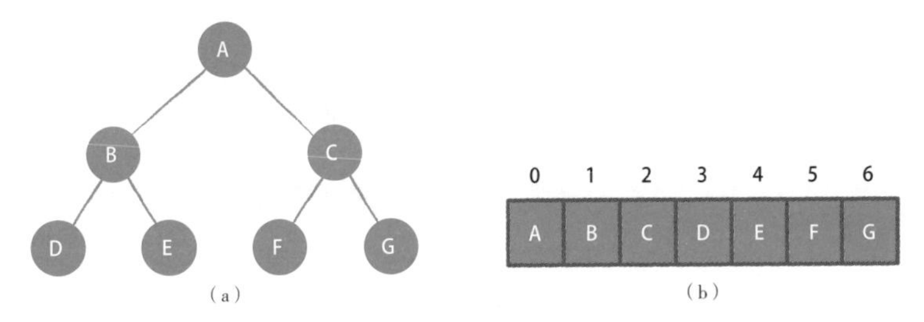

图5.15 堆与列表的关系

下面将实现程序清单5.8中的代码。

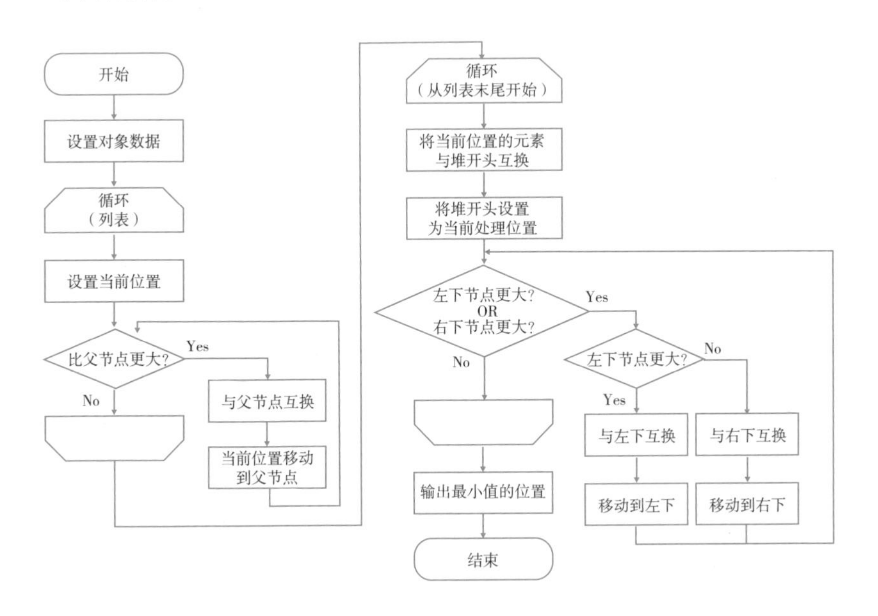

程序清单5.8　heap_sort.py

```
data = [6, 15, 4, 2, 8, 5, 11, 9, 7, 13]

# 构建堆
for i in range(len(data)):
    j = i
    while (j > 0) and (data[(j - 1) // 2] < data[j]):
        data[(j - 1) // 2], data[j] = data[j], data[(j - 1) // 2]  ←与父元素进行交换
        j = (j - 1) // 2    ←移动到父元素的位置

# 执行排序
for i in range(len(data), 0, -1):
    # 与堆的开头处进行交换
    data[i - 1], data[0] = data[0], data[i - 1]
    j = 0    ←从堆的开头处开始
    while ((2 * j + 1 < i - 1) and (data[j] < data[2 * j + 1]))\
                                                        左下的数值更大
       or ((2 * j + 2 < i - 1) and (data[j] < data[2 * j + 2])):
                                                        右下的数值更大
        if (2 * j + 2 == i - 1) or (data[2 * j + 1] > data[2 * j + 2]):
                                                        左下的数值更大时
            # 与左下进行交换
            data[j], data[2 * j + 1] = data[2 * j + 1], data[j]
            # 移动到左下
            j = 2 * j + 1
        else:    ←右边的数值更大时
            # 与右下进行交换
            data[j], data[2 * j + 2] = data[2 * j + 2], data[j]
            # 移动到右下
            j = 2 * j + 2

print(data)
```

执行结果　执行heap_sort.py（程序清单5.8）

```
C:\>python heap_sort.py
[2, 4, 5, 6, 7, 8, 9, 11, 13, 15]
C:\>
```

在开始构建堆时，需要对n个数据进行处理，因此上述堆的构建操作就需要乘以n倍，算法复杂度就是$O(n \log n)$。此外，将数字逐个取出并创建排序数据所需要的时间复杂度也是$O(n \log n)$。

也就是说，堆排序所需的时间复杂度为O($n\log n$)，如图5.16所示。与选择排序、插入排序以及冒泡排序的O(n^2)相比，随着n的增加复杂度的增长较小，因此可以实现高速的处理。但是从源代码中可以看出，对堆排序的实现是比较复杂的。

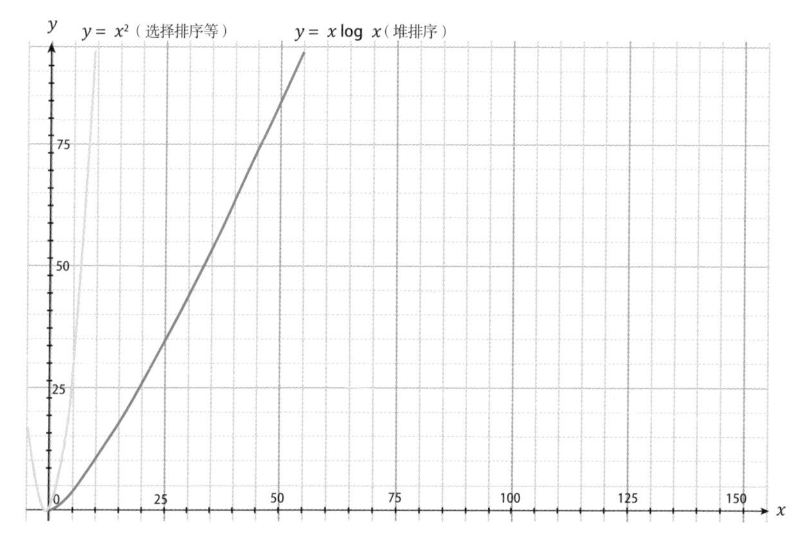

图5.16　堆排序的算法复杂度的图表

5.5.11 编写通用的实现代码

上述方法是在进行排序的前提下实现的。然而，堆并不是只用于排序的数据结构。堆是一种可以通过列表实现，根的节点会变成最小的值，通过反复的再次构建堆可以从开头开始依次提取元素的便利的数据结构。

下面将考虑编写构建堆的程序。为了使某一个节点及其下属的节点满足堆的条件，我们需要创建名为heapify的函数。

当将开头的数据取出，再将末尾的数据移动到开头时，堆的条件是没有得到满足的，因此，需要使用heapify函数对开头的元素进行处理，移动该元素使其能够满足堆的条件。这个heapify函数使用的是递归处理。

使用所分配的数组构建堆时，需要让除了叶子节点之外的节点朝着根节点按顺序进行遍历，并对每个节点使用heapify函数进行处理。但是，由于每个节点最多只能拥有两个子节点，因此位于$n/2+1$之后的节点都是叶子节点。也就是说，对于后半部分的节点，可以无须使用heapify函数进行处理。

实现这一处理，可以创建如程序清单5.9所示的程序。

程序清单5.9　heap_sort2.py

```
def heapify(data, i):
    left = 2 * i + 1            ←左下的位置
    right = 2 * i + 2           ←右下的位置
    size = len(data) - 1
    min = i
    if left <= size and data[min] > data[left]:    ←左下的数值更小时
        min = left
    if right <= size and data[min] > data[right]:  ←右下的数值更小时
        min = right
    if min != i:                ←发生交换时
        data[i], data[min] = data[min], data[i]
        heapify(data, min)      ←再次构建堆

data = [6, 15, 4, 2, 8, 5, 11, 9, 7, 13]
# 构建堆
for i in reversed(range(len(data) // 2)):          ←对除了叶子节点之外的节点进行处理
    heapify(data, i)

# 执行排序
sorted_data = []
for _ in range(len(data)):
    data[0], data[-1] = data[-1], data[0]          ←将最后的节点与开头的节点进行交换
    sorted_data.append(data.pop())                 ←将最小的节点提取，并结束排序
    heapify(data, 0)                               ←再次构建堆

print(sorted_data)
```

执行结果　执行heap_sort2.py（程序清单5.9）

```
C:\>python heap_sort2.py
[2, 4, 5, 6, 7, 8, 9, 11, 13, 15]
C:\>
```

5.5.12 使用软件库

Python中提供了专门用于构建堆的软件库heapq。使用这一软件库可以更简单地实现堆排序。使用heapq软件库，可以通过软件库中的heapify函数构建堆，通过heappop函数按顺序对元素进行提取操作（程序清单5.10）。

程序清单5.10 heap_sort3.py

```
import heapq

def heap_sort(array):
    h = array.copy()
    heapq.heapify(h)          ←构建堆
    return [heapq.heappop(h) for _ in range(len(array))]
                              └── 一边提取，一边使用排序好的元素创建列表

data = [6, 15, 4, 2, 8, 5, 11, 9, 7, 13]
print(heap_sort(data))
```

执行结果 执行heap_sort3.py（程序清单5.10）

```
C:\>python heap_sort3.py
[2, 4, 5, 6, 7, 8, 9, 11, 13, 15]
C:\>
```

5.6 归并排序

√ 理解归并排序的操作步骤，并掌握编程实现归并排序的方法。

√ 理解归并排序的算法复杂度。

5.6.1 先分割再合并

归并排序是一种将一个保存了需要排序的数据的列表反复地分割成两半，将所有的列表分割成分散的状态之后再将这些列表进行合并（merge）的方法。在对列表进行合并时，该列表中的数值会按由小到大的顺序进行排列，当全体数据变成一个完整的列表时，其中所有的值都是已经排序完毕的。

例如，我们将尝试对图 5.17 中的数据进行排序。首先，将列表不断分割成两半。

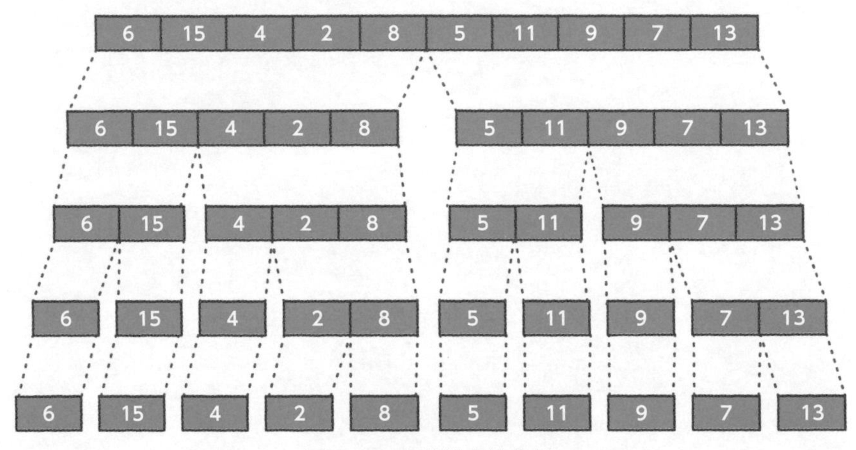

图5.17　归并排序的分割

1 2 3 4 5 6 A B

分割后的列表将作为新的列表被创建。

之后，再对分割后的列表进行合并和排序处理。例如，我们分析如何将图5.18中的[6, 15]和[2, 4, 8]这两个列表进行合并。

首先将开头的6与2进行比较，将较小的2提取出来。然后再对剩余的列表中开头的6与4进行比较，将较小的4提取出来。之后再对6与8进行比较，提取6，最后对8与15进行比较，提取8。再提取最后的15即可完成操作。

重复这一操作，直到所有的数字在一个列表中为止。

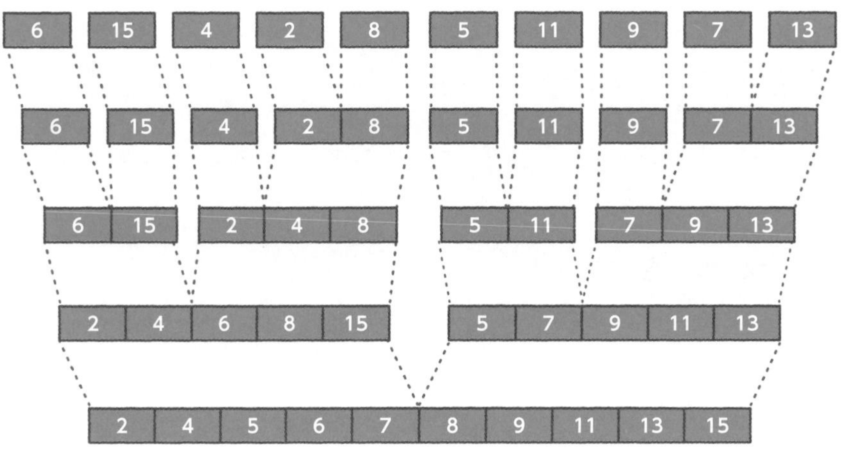

图5.18　归并排序的合并

5.6.2 归并排序的编程实现

从上述合并后的列表中可以看出，其中的元素是按照正确的升序进行排列的。下面将尝试在Python中编程实现（程序清单5.11）。

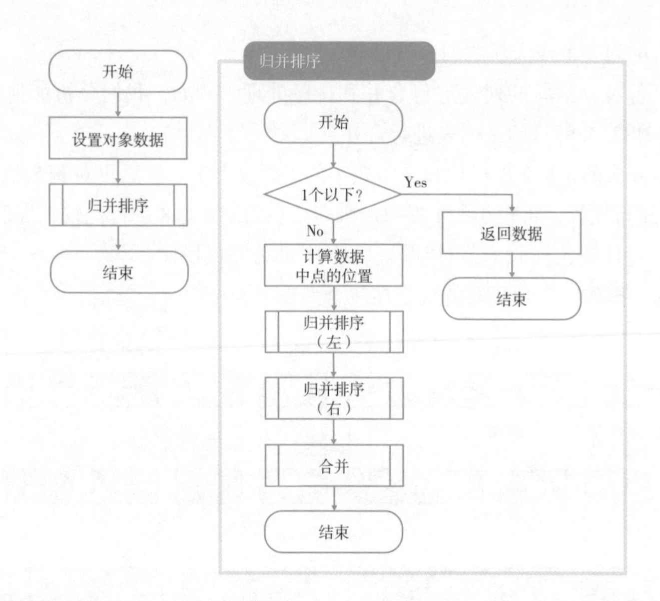
开始
设置对象数据
归并排序
结束
归并排序
开始
1个以下？
Yes
No
返回数据
结束
计算数据
中点的位置
归并排序
（左）
归并排序
（右）
合并
结束

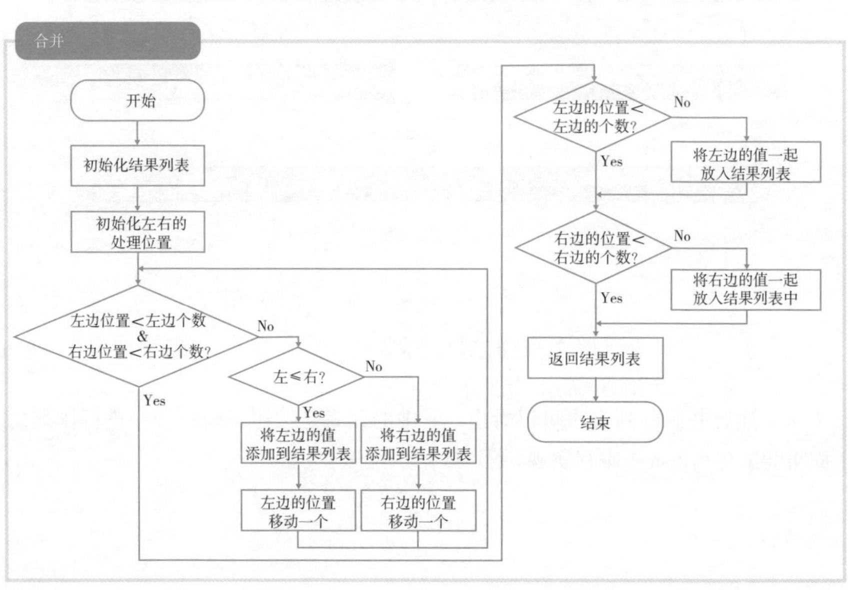
合并
开始
初始化结果列表
初始化左右的
处理位置
左边位置＜左边个数
&
右边位置＜右边个数？
No
Yes
左≤右？
No
Yes
将左边的值
添加到结果列表
将右边的值
添加到结果列表
左边的位置
移动一个
右边的位置
移动一个
左边的位置＜
左边的个数？
No
Yes
将左边的值一起
放入结果列表
右边的位置＜
右边的个数？
No
Yes
将右边的值一起
放入结果列表中
返回结果列表
结束

程序清单5.11　merge_sort.py

```
data = [6, 15, 4, 2, 8, 5, 11, 9, 7, 13]

def merge_sort(data):
    if len(data) <= 1:
        return data

    mid = len(data) // 2                ←计算一半的位置
    # 递归式分割
    left = merge_sort(data[:mid])       ←分割左侧
    right = merge_sort(data[mid:])      ←分割右侧
    # 合并
    return merge(left, right)

def merge(left, right):
    result = []
    i, j = 0, 0

    while (i < len(left)) and (j < len(right)):
        if left[i] <= right[j]:         ←当左≤右时
            result.append(left[i])      ←从左侧提取一个列表进行添加
            i += 1
        else:
            result.append(right[j])     ←从右侧提取一个列表进行添加
            j += 1

    # 将剩余的列表一起进行添加
    if i < len(left):
        result.extend(left[i:])         ←添加左侧剩余的列表
    if j < len(right):
        result.extend(right[j:])        ←添加右侧剩余的列表
    return result

print(merge_sort(data))
```

执行结果　执行merge_sort.py（程序清单5.11）

```
C:\>python merge_sort.py
[2, 4, 5, 6, 7, 8, 9, 11, 13, 15]
C:\>
```

5.6.3 归并排序的算法复杂度

在归并排序中，只是单纯地将列表分割的部分划分成更细小的部分而已。也有一些是最开始就已经准备了分散的列表的情况。这种时候，就需要考虑合并部分的算法复杂度。

对两个列表进行合并处理时，由于只是反复地将两个列表中开头的值进行比较和提取操作，因此可以使用排序完毕的列表长度的阶进行处理。如果全部的元素有 n 个，那么它的阶就是 $O(n)$。

然后，再考虑需要合并的阶数，将 n 个列表合并成一个列表时的阶数就是 $\log_2 n$，整体的时间复杂度就是 $O(n \log n)$。

归并排序还可以对超过内存存储容量的大规模数据进行处理，这也是归并排序的特点之一。由于它可以在分割后的各个区域中进行排序，因此可以对多个磁盘装置中的数据分别进行排序，可以一边合并一边创建完成排序的数据。

5.7 快速排序

√ 理解快速排序的操作步骤，并掌握编程实现快速排序的方法。

√ 理解快速排序的算法复杂度。

5.7.1 在分割出来的列表内部进行排序

快速排序是从列表中选择一个任意的数据，并以这个数据为基准将列表分割为大于这一数据的元素和小于这一数据的元素两部分，并在分割出来的列表中重复执行相同的处理来实现排序的一种方法。

通常这一算法被归类为分治法中的排序算法，通过递归将数据分割为较小的单位进行处理来实现排序。当数据无法再分割为更小的单位时，就可以求出汇总的结果。

使用快速排序算法的关键在于如何有效地选择元素作为分割的基准。如果选择的元素比较理想，那么就可以实现高速的处理，但是，如果选择的元素不恰当，就会导致无法对数据进行分割，排序所需的时间也可能变得与选择排序一样长。

这一作为基准的数据称为分界值（pivot）。选择分界值的方法有很多种，下面使用列表开头的元素作为基准，尝试对如下所示的列表进行处理。

6	15	4	2	8	5	11	9	7	13

对这个列表反复地进行分割后，就可以如图5.19所示进行推进处理。

首先，将开头的6作为分界值，将列表分割为小于6的元素和大于6的元素两组。之后再对分割得到的两个列表分别执行相同的分割处理。

需要注意的是，我们在这里只是进行分割操作，并没有对元素进行排序。也就是说，分割而成的列表的顺序并非是按照升序排列的。只不过，全部分割完毕后，对出现在最后一行的列表进行合并就可以得到排好序的结果。

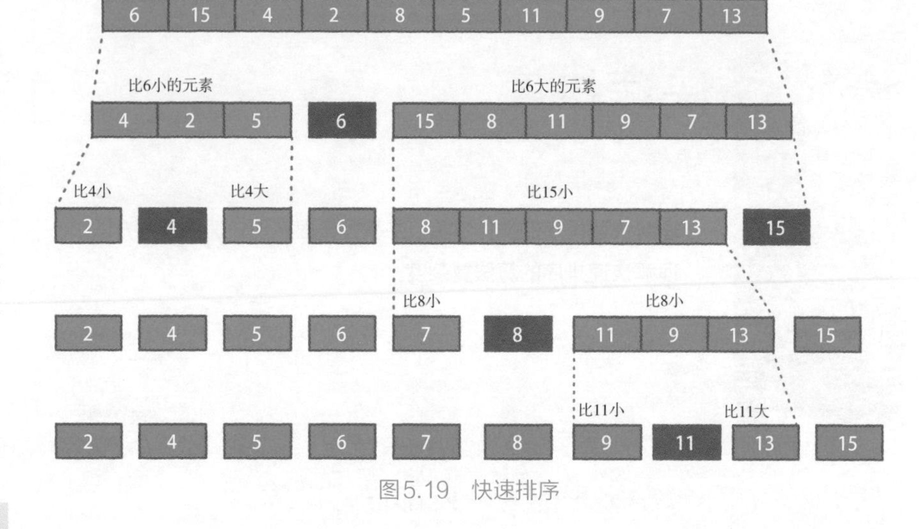

图5.19　快速排序

5.7.2 快速排序的编程实现

如果将这种使用递归进行的重复处理在Python中实现，可以采用如程序清单5.12所示的方法。

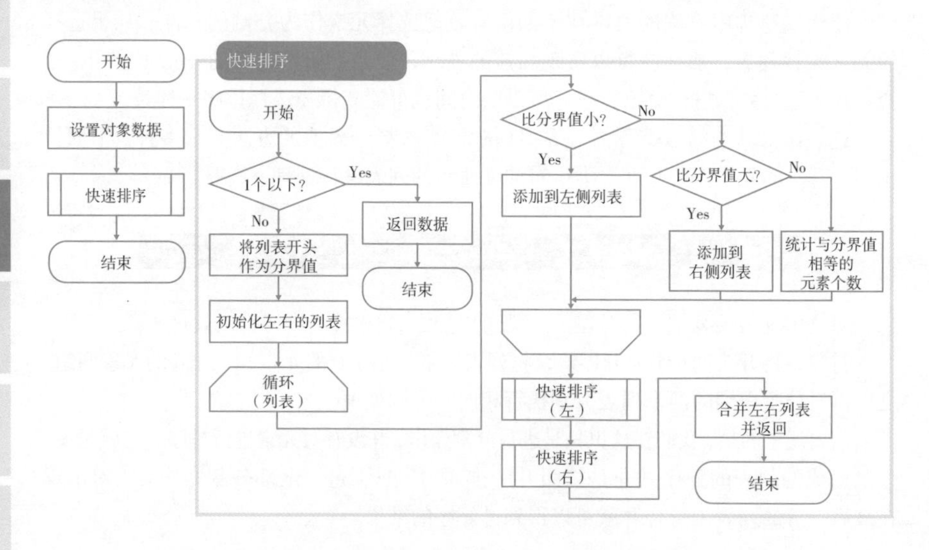

程序清单5.12 quick_sort.py

```
data = [6, 15, 4, 2, 8, 5, 11, 9, 7, 13]

def quick_sort(data):
    if len(data) <= 1:
        return data

    pivot = data[0]   # 将列表开头的元素作为分界值
    left, right, same = [], [], 0

    for i in data:
        if i < pivot:
            # 当元素小于分界值时，将其移到左边
            left.append(i)
        elif i > pivot:
            # 当元素大于分界值时，将其移到右边
            right.append(i)
        else:
            same += 1

    left = quick_sort(left)        ←对左侧进行排序
    right = quick_sort(right)      ←对右侧进行排序
    # 将排序后的元素和分界值一起返回
    return left + [pivot] * same + right

print(quick_sort(data))
```

执行结果 执行quick_sort.py（程序清单5.12）

```
C:\>python quick_sort.py
[2, 4, 5, 6, 7, 8, 9, 11, 13, 15]
C:\>
```

上述示例的列表中不包含相同的值，如果列表中包含相同的值，需要对与分界值相同的值进行计数，并分配与该数字相同个数的分界值。

此外，在Python中使用分界值进行分割的处理可以通过列表闭包语法更简单地实现。例如，还可以如程序清单5.13所示进行代码编写。

程序清单5.13 quick_sort2.py

```
data = [6, 15, 4, 2, 8, 5, 11, 9, 7, 13]

def quick_sort(data):
```

```
    if len(data) <= 1:
        return data

    pivot = data[0]    # 将列表中开头的元素作为分界值
    # 使用小于分界值的数值创建列表
    left = [i for i in data[1:] if i <= pivot]
    # 使用大于分界值的数值创建列表
    right = [i for i in data[1:] if i > pivot]

    left = quick_sort(left)        ←对左侧进行排序
    right = quick_sort(right)      ←对右侧进行排序
    # 将排序后的元素和分界值一起返回
    return left + [pivot] + right

print(quick_sort(data))
```

1 2 3 4 5 6 A B

执行结果　执行quick_sort2.py（程序清单5.13）

```
C:\>python quick_sort2.py
[2, 4, 5, 6, 7, 8, 9, 11, 13, 15]
C:\>
```

5.7.3 快速排序的算法复杂度

当我们尝试了实际的编程实现后会再次意识到，在快速排序中分界值的选择是多么的重要。如果选择了可以顺利地将列表分割成两部分的分界值，它的算法复杂度就会与归并排序相同，都是$O(n \log n)$。这是因为它与归并排序一样，将列表反复地分割成了两个部分。然而，如果没有选择合适的分界值，最坏的情况就会达到$O(n^2)$的算法复杂度。

虽然这一算法在实际应用中是非常高效的，但是很多软件仍然通过将其与其他排序算法配合使用，力图实现更高效的处理。其中常用的方法包括：使用列表开头的元素、使用列表末尾的元素，以及任意选择三个值的中心值（按升序排列时处于中央位置的值）作为分界值。建议大家尝试不同的方法，并对各种方法的处理结果进行比较。

并发处理与并行处理

目前的CPU大都具有多个核心，一块CPU可以同时执行多个处理。这种处理方式被称为并发处理。此外，执行的虽然是同一个处理，但实际上却是按时间单位分步执行的，这种只是看上去像是同时执行的处理被称为并行处理。

当我们需要最大限度地运用现代的CPU时，通过执行可进行并发处理的算法来处理是行之有效的方法。只不过，根据所需处理的问题的不同，有的情况下可以使用并发处理，有的情况下则无法使用。

例如，如果是编写一个计算从1到200的质数的程序，那么可以将1～100与101～200的计算分别放在不同的CPU核心上执行，最后对结果进行合并也是没有问题的。类似这种程序，就可以使用并发处理来实现。另一方面，计算找零的程序和线性查找这类需要将之前处理的结果运用到下一步计算的场合，则无法使用并发处理来实现。

同样地，在进行排序处理时，选择排序和插入排序是无法使用并发处理实现的，而归并排序和快速排序则可以使用并发处理实现。

5.8 处理速度的比较

√ 对多种排序算法的算法复杂度进行比较，并掌握选择最佳排序算法的方法。

√ 通过对实际的数据进行比较，理解即使阶数相同，处理时间也会有所不同的原因。

√ 理解实现稳定排序的思路。

5.8.1 根据算法复杂度进行比较

如果使用阶数来对之前讲解过的排序算法的处理速度进行比较，其结果见表5.1。关键是要理解每种处理方式都具有其独有的特性，并不存在某一种在任何情况下都是最佳选择的算法。

例如，虽然堆排序在数据内容发生变化时，其算法复杂度的变化也是很小的，但是它并不能使用并发处理，而且对内存的访问也是不连续的，因此并不常用。

归并排序是不管输入的是什么样的数据都可以使用相同的时间复杂度进行处理的算法。虽然它可以实现并发处理，但是对大规模的数据进行排序时需要占用大容量的内存。

多数情况下，使用归并排序或快速排序可以实现高速的处理，某些特定的场合，使用本章中没有介绍的箱排序则更佳，其排序速度是压倒性的。

由此可见，我们需要具备理解这些排序方法的差别并且可以对它们进行比较判断的能力。

表5.1 排序的处理速度

排序方法	平均时间复杂度	最坏时间复杂度	备 注
选择排序	$O(n^2)$	$O(n^2)$	最佳是$O(n^2)$
插入排序	$O(n^2)$	$O(n^2)$	最佳是$O(n)$
冒泡排序	$O(n^2)$	$O(n^2)$	
堆排序	$O(n \log n)$	$O(n \log n)$	
归并排序	$O(n \log n)$	$O(n \log n)$	
快速排序	$O(n \log n)$	$O(n^2)$	实际应用中高速

虽然堆排序和归并排序的平均时间复杂度与快速排序相同，都是O($n \log n$)，但是快速排序的最坏时间复杂度是O(n^2)。从表5.1中可以看出，堆排序和归并排序似乎是比快速排序更好的算法。

5.8.2 根据实际数据进行比较

使用表5.1中的程序在笔者手头的环境中执行时，可以得到如表5.2所列的结果。这里提供的是多个随机的整数，并对处理这些数据所需的时间进行比较。在表格中可以看到，程序还使用了Python的列表中提供的标准sort函数进行比较。

表5.2 排序处理时间的比较

排序方法	10000件	20000件	30000件
选择排序	6.89秒	25.81秒	57.41秒
插入排序	6.73秒	27.22秒	61.25秒
冒泡排序	15.08秒	60.50秒	130.46秒
堆排序	0.13秒	0.27秒	0.45秒
归并排序	0.05秒	0.10秒	0.16秒
快速排序	0.02秒	0.05秒	0.07秒
Python的sort	0.002秒	0.004秒	0.007秒

从表5.2中可以看出，快速排序比堆排序和归并排序更加高速。因此，各个领域中常采用快速排序以及经过精心优化的算法实现。

然而，在Python的列表中提供的标准sort是在内部执行C语言编写的代码，可以看出与其他排序算法的实现相比它大幅度地提升了处理速度。虽然Python是一种解释器，但是它提供了这样的通过编译器实现的软件库，因此建议大家更多地使用这些非常方便的软件库。

此外，从表5.2中还可以看出，与选择排序和插入排序相比，冒泡排序的处理速度是非常缓慢的。这三种排序算法的平均时间复杂度的阶数是一样的，为什么却产生如此巨大的差异呢？

其理由是因为它们的常数倍的部分是不同的。例如，在程序清单5.14中，对开头部分的循环和后半部分的循环进行比较。

程序清单5.14 const_rate.py

```
import time

data = [6, 15, 4, 2, 8, 5, 11, 9, 7, 13]

# 单纯地对列表中的内容逐个进行输出
for i in data:
```

```
    print(i)

# 列表中的内容每输出一次休眠1秒
for i in data:
    print(i)
    time.sleep(1)    ←休眠1秒
```

从上述代码中可以看出，虽然开头部分和后半部分的循环都只执行了1次，进行了O(n)的处理，而后半部分的处理每输出一次后会休眠（停止）1秒。也就是说，即使阶数是相同的，它们的处理时间也大不相同。

因此，像O($n \log n$)和O(n^2)这样是不同的阶数，是可以忽略常数倍的影响的，而如果是相同阶数，根据常数倍的不同，性能上会出现差异也并不稀奇。

实际上，虽然堆排序和归并排序以及快速排序的平均时间复杂度都是O($n \log n$)，但是多数情况下快速排序的处理更加高效。此外，根据分界值的选择方式不同，虽然性能上可能会有所差别，但是只要不指定排好序的数据中开头的值作为分界值，就可以实现高速的处理。

5.8.3 稳定排序

在对排序方法进行比较时，需要掌握的一个关键点是稳定排序。所谓稳定排序，是指包含相同值的数据在排序前的顺序与排序后的顺序是保持一致的。

例如，假设将名字按读音的顺序排列的大学生的考试结果，修改成按分数高低来进行排序。当存在多个分数相同的学生时，希望在按分数进行排序后，并不会影响分数相同的学生按名字的读音所进行的排序。

可以实现这一操作的排序方法就是图5.20中的稳定排序，在此之前所讲解的排序算法中，插入排序、冒泡排序及归并排序就是具有这种特性的算法。

座次编号	名字	分数
1	伊藤	80
2	加藤	70
3	小林	90
4	佐藤	70
5	铃木	80
6	高桥	60
7	田中	90
8	中村	80
9	山本	60
10	渡边	70

→

座次编号	名字	分数	
3	小林	90	分数相同时按名字升序排列
7	田中	90	
1	伊藤	80	分数相同时按名字升序排列
5	铃木	80	
8	中村	80	
2	加藤	70	分数相同时按名字升序排列
4	佐藤	70	
10	渡边	70	
6	高桥	60	分数相同时按名字升序排列
9	山本	60	

图5.20　稳定排序

图书馆排序

如果需要考虑在图书馆对书籍进行排序，使用的方法会与前面讲解的方法有所不同。图书馆通常是按照书籍的类型来摆放书架，并按照书籍的编号或书名的顺序进行排列的。

这种情况下使用插入排序是有效的，而在实际中也是使用类似插入排序的方法进行处理。只不过，如果使用插入排序，就需要将位于列表中插入位置后面的元素全部进行移动。由于图书馆通常会事先在每一个区间预留一定的位置，因此只需要移动很少的书籍就可以完成排序操作（图5.21）。

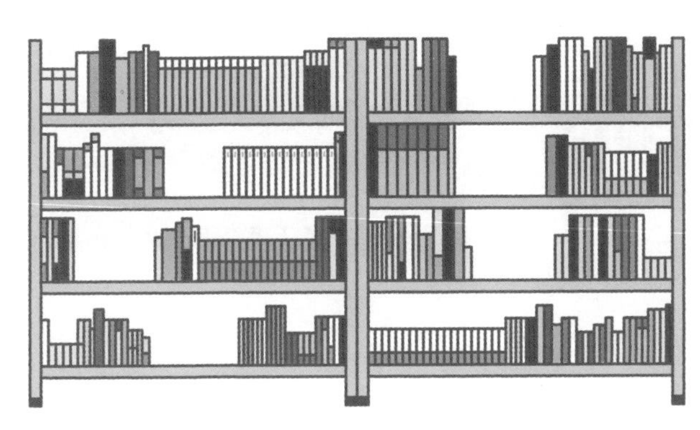

图5.21　图书馆书架的示例

这种方法称为图书馆排序，如果事先准备好足够的空余位置，就可以实现高速处理。然而，预留空余位置会占用更多的存储空间，因此在实现的过程中需要进行优化。

理解程度Check！

● **问题1** 本节中出现的箱排序亦可称为桶排序，它只在明确规定了可获取的值的种类时才能使用。

例如，对由0~9的整数（10种值）所构成的数据进行排序时，只需对每种值所出现的次数进行记录即可。如果是对如图5.22所示的数据进行排序，那么可以将每种数字出现的次数保存到数组中，并按照由小到大的顺序进行读取操作。

9, 4, 5, 2, 8, 3, 7, 8, 3, 2, 6, 5, 7, 9, 2, 9

↓

整数	0	1	2	3	4	5	6	7	8	9
次数	0	0	3	2	1	2	1	2	2	3

↓

2, 2, 2, 3, 3, 4, 5, 5, 6, 7, 7, 8, 8, 9, 9, 9

图5.22

请编写可以实现上述操作的程序。

掌握具有实用性的算法

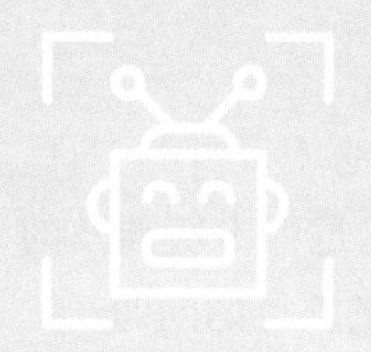

排序等算法通常都是使用软件库实现的，几乎没有人从零开始自己编写。但另一方面，我们在实际的项目开发中需要根据业务的内容等具体情况来深入优化算法的案例也并不少见。

接下来，将对实际业务以及学习算法时常用的几个算法示例进行介绍。

6.1 何谓最短路径问题

√ 理解日常生活中那些非常便利的服务也运用了解决最短路径问题的思路。

√ 理解为何最短路径问题中顶点数量增加会导致处理所需时间的大幅增长。

6.1.1 根据量化成本考虑

当今社会，换乘指南和汽车导航等服务已经成为了我们生活中必不可少的工具。为了实现这些应用，就需要使用非常复杂的算法。实现这些操作的过程中所涉及的问题称为最短路径问题，就是从可预见的多个路径中计算出最高效的路径的问题。

这里所说的高效这个词，可以联想到时间短、费用低、距离短等各种不同的基准。无论是其中的哪一条基准都不是以人的感觉为判断依据，而是需要对问题进行量化并计算出最小的值。下面将使用成本（数值越小成本越低，数值越大成本越高）这一数值来考察这一基准。

6.1.2 调查所有的路径

作为将成本最小化的算法，可以联想到的实现方法有很多种。首先在大家的脑海中浮现的，想必是确认所有的路径并在其中选择成本最低的路径吧。然而，如果使用这种方法，那么当路径的数量增加时所需查找的路径数量也会呈爆发性增长。

例如，假设我们需要在图6.1（a）的街道中移动，从地点A移动到地点G。图中已经给出了各个地点之间的距离，而移动过程中不允许两次通过同一地点。这种情况下，我们能够想到的路径有图6.1（b）所示的这6条。

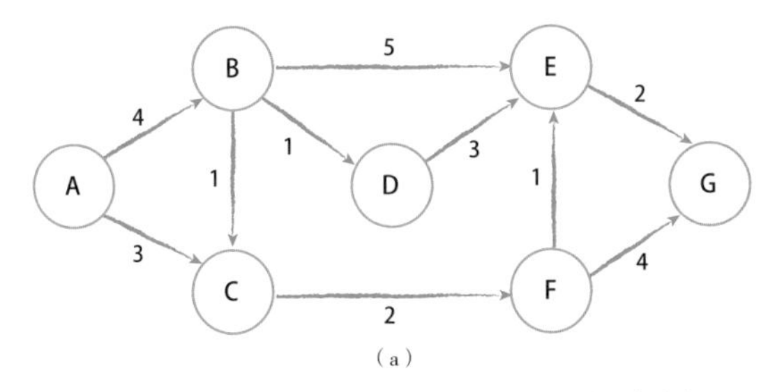

（a）

路径	距离
A → B → D → E → G	10
A → B → E → G	11
A → B → C → F → E → G	10
A → B → C → F → G	11
A → C → F → E → G	8
A → C → F → G	9

（b）

图6.1　各种路径

如果是这种小规模的街道，可选择的路径较少，即使对全部路径进行调查也不会花费太多的时间，但是如果地点的数量增加，道路的数量也随着增加，可选的路径模式也会随之急剧增加。例如，如果是图6.2那样的规模，仅仅只是增加可移动的道路，可以选择的路径模式就会达到5000种之多。

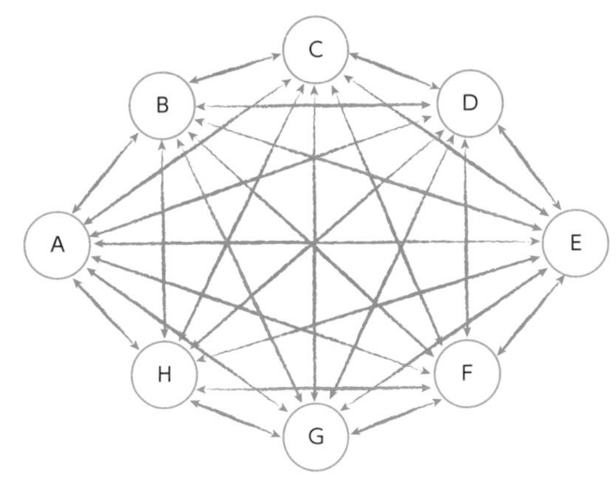

图6.2　可选路径模式较多的情形

6.1.3 通过图来思考

类似图6.1和图6.2所示，使用圆圈和线条简单表示的方法称为图，箭头有方向的图称为有向图，箭头无方向的图称为无向图。此外，用圆圈表示的地点称为顶点或节点，连接节点的线称为边或弧。

为了计算最短路径，假设需要对所有可选路径进行比较，总共有n个顶点，如果选择第一个顶点，则可选的路径就有n条；如果选择第二个顶点，除去第一个顶点的路径，就有$n-1$条可选路径，采用这一方式对所有顶点的路径进行计算。可选的路径数量可以通过公式$n \times (n-1) \times \cdots \times 2 \times 1$计算得出。这个公式可以像我们在第3章所讲解的那样使用$n!$来表示，因此其算法复杂度就是$O(n!)$。而阶乘的计算量随着输入数量的增加，在现实中几乎是无解的，可见我们需要对这一算法进行优化。

接下来，将对相关的几种算法进行讲解。这里并不是对路径本身进行计算，而是对到达某个顶点需要花费多少成本进行考查。

计算路径数量的问题

当听到最短路径问题这一说法时，很多人可能会联想到在学校的教科书中常用的如图6.3所示的简单问题。这是一个以左下为起点，通过反复地向上或向右移动到右上，对最短路径的数量进行计算的问题。

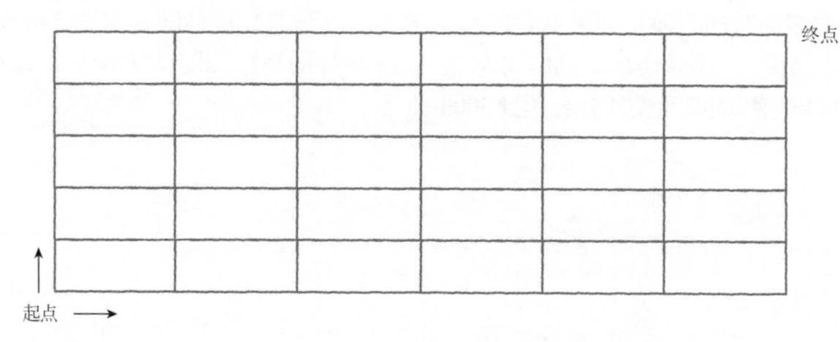

图6.3　最短路径问题的示例

无论选择哪一条路径，不是向上移动就是向右移动，因此路径的长度是相同的。也就是说，是一个计算从左下到右上的所有路径的问题。在学习排列和组合时会遇到这个问题，当向右移动 m 次，向上移动 n 次时，其路径数量可以通过组合来计算。当 $m+n$ 次中的 m 次向右移动时，数学上可以通过 C_{m+n}^{m} 这种方式进行计算（在这里不会使用这种计算方式，因此省略相关的说明）。

对于这个解法，如果不了解组合的计算方法是无法解开的，还有一种小学生都会使用的解法，就是对通过相交点的路径数量从左下开始按顺序不断进行加法运算，这种方法也是非常常用的（图6.4）。

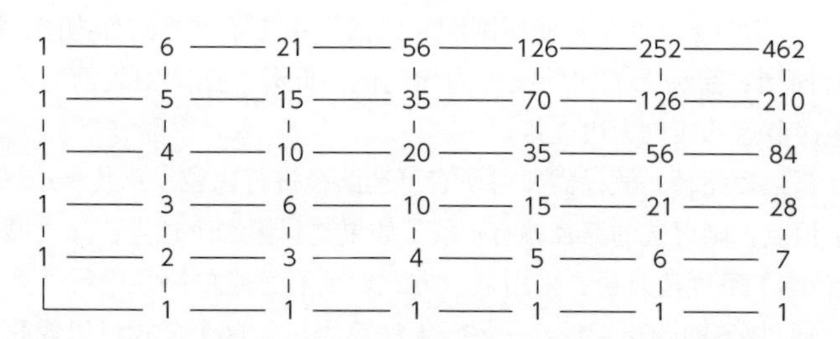

图6.4　统计通过相交点的路径数量

这是将写在下方与左边的相交点上的数字不断进行相加的方法，只需要用单纯的加法运算就可以简单地计算出结果。在程序中实现这一算法也是非常方便的，可以使用动态规划算法（程序清单6.1）或记忆化（程序清单6.2）等算法编程实现。

程序清单6.1　near_route1.py

```
M, N = 6, 5

route = [[0 for i in range(N + 1)] for j in range(M + 1)]

# 设置横向上最开始的一行
for i in range(M + 1):
    route[i][0] = 1

for i in range(1, N + 1):
    # 设置纵向上最开始的一列
    route[0][i] = 1
    for j in range(1, M + 1):
        # 从左边和下边开始进行加法运算
        route[j][i] = route[j - 1][i] + route[j][i - 1]

print(route[M][N])
```

执行结果　执行near_route1.py（程序清单6.1）

```
C:\>python near_route1.py
462
C:\>
```

程序清单6.2　near_route2.py

```
import functools

M, N = 6, 5

# 在Python中只需添加下面一行代码即可对递归处理实现记忆化
@functools.lru_cache(maxsize = None)
def search(m, n):
    if (m == 0) or (n == 0):
        return 1

    return search(m - 1, n) + search(m, n - 1)

print(search(M, N))
```

执行结果　执行near_route2.py（程序清单6.2）

```
C:\>python near_route2.py
462
C:\>
```

6.2 贝尔曼－福特算法

√ 理解贝尔曼－福特算法是一种在对连接顶点的边的权重进行更新的过程中对最短路径进行求解的算法。

√ 理解即使边的值是负数也同样可以使用贝尔曼－福特算法。

6.2.1 关注边的权重

贝尔曼－福特算法是一种采用边的权重进行求解的算法。假设我们需要考虑对图6.1中顶点之间的成本进行计算的问题。每条边的成本如图6.5所示。

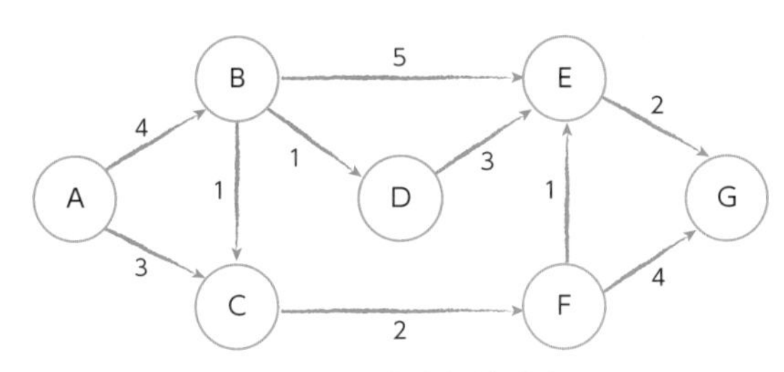

图6.5 顶点之间的成本

在对从起点到每个顶点的成本进行计算时，需要使用边的权重从设置的初始值开始按顺序反复进行更新操作，直到无法继续更新即可结束处理。

6.2.2 将初始值设置为无穷大

作为从起点到每个顶点的成本的初始值，我们将起点设置为0，其余的顶点设置为无穷大（图6.6）。在Python中可以使用float('inf')设置无穷大，如果使用的是其他编程语言，也可以使用像99999999这样足够大的值代表无穷大。

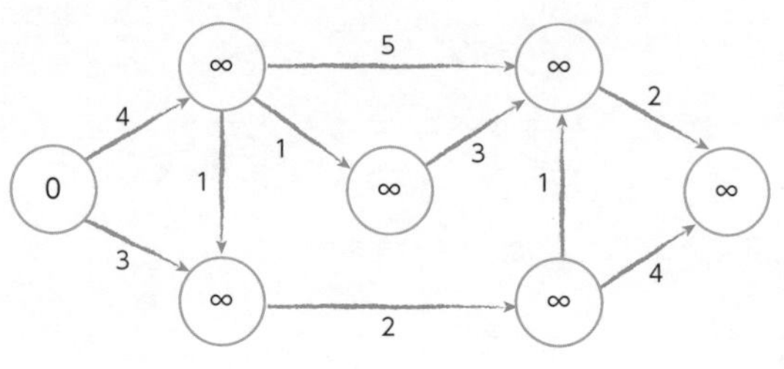

图6.6　成本的初始值

这个成本是从起点到该顶点的最短路径长度的暂定值，随着计算的推进，这个值会逐渐变小。这里进行的处理是反复执行以下步骤。

（1）选择一条边。

（2）使用选择的边对两端的顶点的成本进行更新（当成本低的顶点与边的成本相加后得到的值低于另一边的顶点的成本时）。

6.2.3 对成本进行更新

从所有的边中选择一条边。例如，假设选择的是连接顶点A与顶点B的边（图6.7）。在这里对顶点A与B进行比较，会发现顶点A的成本更低，而且将顶点A的成本加上边的成本小于顶点B的成本，因此需要对顶点B的成本进行更新。

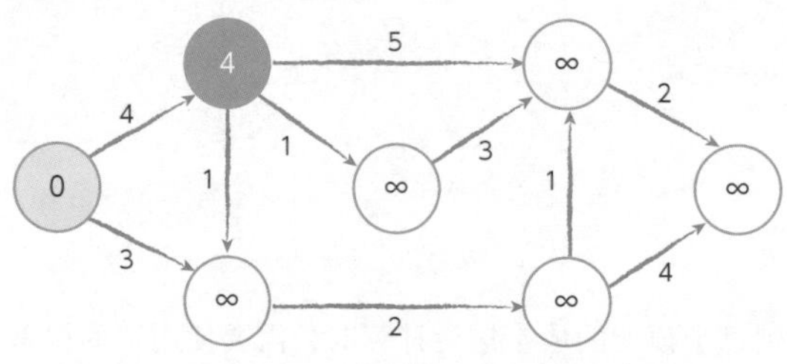

图6.7　更新顶点B的成本

下面，假设选择的是连接顶点A与C的边（图6.8）。这里同样也是顶点A的成本加上边的成本小于顶点C的成本，因此需要对顶点C的成本进行更新。

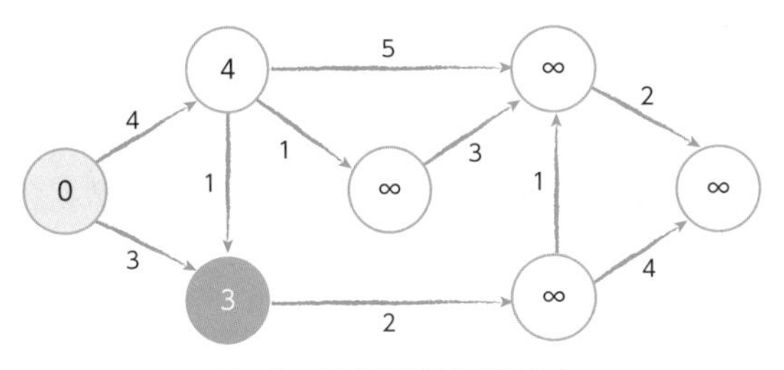

图6.8　更新顶点C的成本

接下来，假设已经选择了连接顶点B与C的边。而顶点B的成本加上边的成本大于顶点C的成本，因此顶点C的成本就不需要更新。也就是说，可以得出与A→B→C这一路径相比，选择路径A→C的成本会更低的结论。

使用同样的操作对所有的边进行比较。处理顺序可以是任意的，这里是按照顶点编号的英文字母的顺序进行处理的。更新完所有的顶点后，可以得到如图6.9所示的结果。

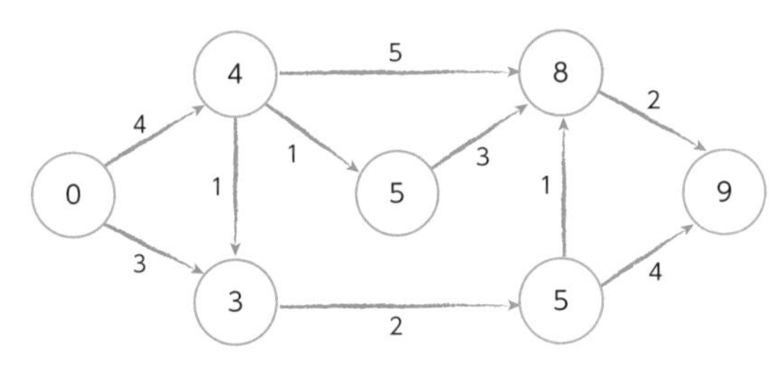

图6.9　第一次更新完毕时

到这里，我们将再次从头开始执行同样的操作。重复这一操作，直到所有的顶点都不再需要对成本进行更新时即可结束处理。至此，我们就完成了如图6.10所示的从起点到所有顶点的最小成本的计算，结论是从顶点A到顶点G的最小成本为8。

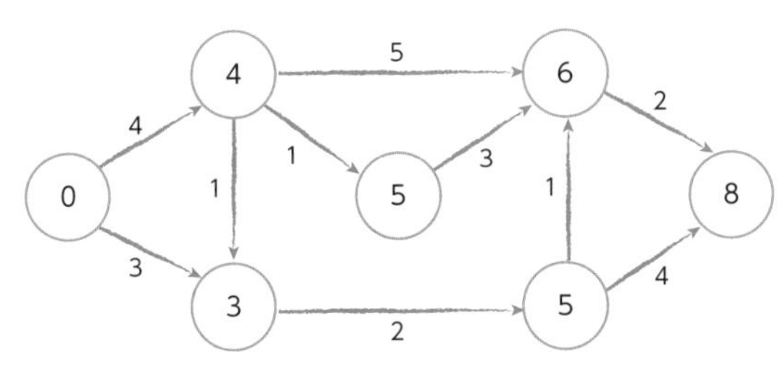

图6.10　当成本不再变化时

6.2.4 编程实现

在编程实现时，我们必须要考虑的是如何对顶点和边的数据进行保存。由于贝尔曼－福特算法是采用边进行处理的，因此以边为单位来表示数据会更便于实现。

接下来将使用列表，用一个元素表示一条边。此外，元素中还包含起点和终点的编号以及成本这三个数据。例如，连接顶点 A 和 B 的边就是[0, 1, 4] 这样的列表。

下面将创建以这个列表和顶点的数量作为参数，返回最短路径长度的函数。这个函数实现的是，在设置了顶点成本的初始值之后，只要成本发生变化就会一直反复更新顶点成本的处理。

例如，可以如程序清单 6.3 所示进行编程实现。

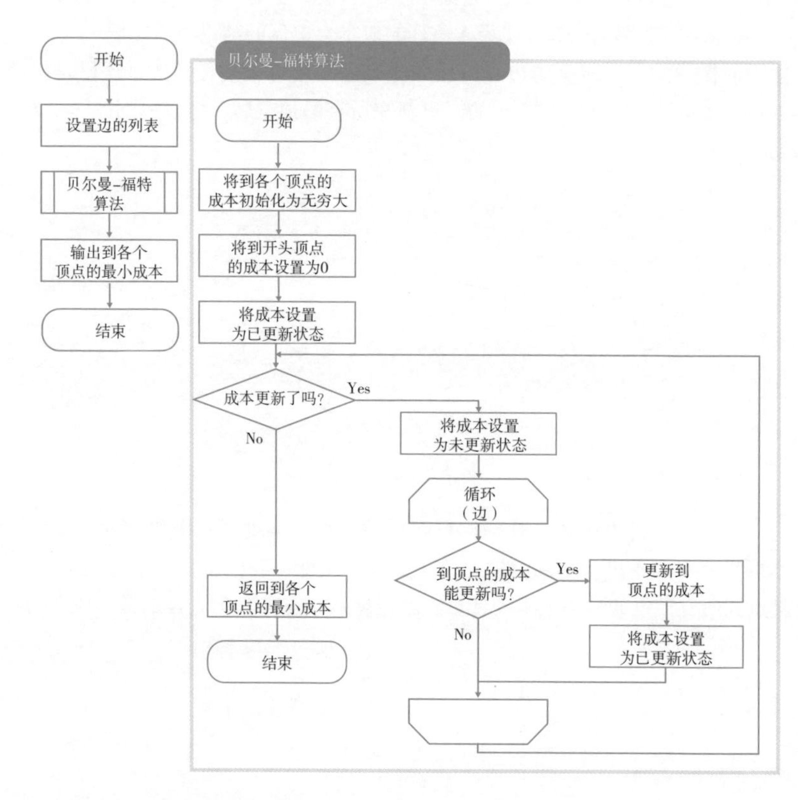

程序清单 6.3　bellman_ford.py

```
def bellman_ford(edges, num_v):
    dist = [float('inf') for i in range(num_v)]  ←设置初始值为无穷大
    dist[0] = 0
```

```
    changed = True
    while changed:                    ←成本更新期间反复进行操作
        changed = False
        for edge in edges:            ←对每个边反复进行操作
            if dist[edge[1]] > dist[edge[0]] + edge[2]:
                # 如果到顶点的成本需要更新，就执行更新操作
                dist[edge[1]] = dist[edge[0]] + edge[2]
                changed = True

    return dist

# 边的列表（起点、终点、成本的列表）
edges = [
    [0, 1, 4], [0, 2, 3], [1, 2, 1], [1, 3, 1],
    [1, 4, 5], [2, 5, 2], [4, 6, 2], [5, 4, 1],
    [5, 6, 4]
]
print(bellman_ford(edges, 7))
```

执行结果　**执行bellman_ford.py（程序清单6.3）**

```
C:\>python bellman_ford.py
[0, 4, 3, 5, 6, 5, 8]
C:\>
```

6.2.5 贝尔曼－福特算法中的注意点

作为边的成本，我们使用的都是正数值。实际上，在实现换乘指南以及汽车导航应用中，边的成本会考虑时间、费用以及距离等因素，所有这些都是正数值，不过即使是负数值，也同样可以使用贝尔曼－福特算法进行处理。

但是，如果存在负数值进行循环的路径（封闭路径）时，由于只要这个循环一直持续进行，成本就会一直减小，因此对于这种情形我们将不予考虑。

假设顶点数量为n，边的数量为m，第一次更新（位于内侧的循环）只会根据边的数量进行循环执行，因此它的算法复杂度就是$O(m)$。如果考虑对所有的顶点执行这一处理，最多也只需要循环n次即可结束，因此整体的算法复杂度就是次数相乘得到的$O(mn)$（如果超过了这一循环次数，就表示图中存在封闭路径）。

6.3 戴克斯特拉算法

- √ 理解用于解决最短路径问题的戴克斯特拉算法是一种在寻找成本最小的顶点的过程中对最短路径长度进行求解的方法。
- √ 理解虽然当边的值为负数时无法使用戴克斯特拉算法，但它是比贝尔曼-福特算法更为高效的求解算法。

6.3.1 关注顶点找出最短路径

戴克斯特拉算法是将与某个顶点相邻的顶点作为候补，在其中查找成本最小的顶点并反复执行这一操作的搜索算法。贝尔曼-福特算法是对所有的边进行反复处理，而戴克斯特拉算法则可以通过优化对顶点的选择来实现高效的最短路径查找。

接下来我们将尝试使用戴克斯特拉算法对6.2节的贝尔曼-福特算法中的图进行求解。为了更易于理解，我们制作了表6.1来辅助思考。横轴上显示的是顶点，纵轴上显示的则是成本的总和。

表6.1　成本与顶点的关系

成本/顶点	A	B	C	D	E	F	G
0	○						
1							
2							
3			○				
4		○					
5							
…							

首先将最开始的顶点A的成本设置为0，再对从该顶点可到达的顶点和成本进行调查。例如，由于与最开始的顶点A相连的是顶点B和顶点C，因此就是在每个顶点所对应的成本的位置上设置标记。

然后，考虑最上方的顶点（成本最小的顶点），由于这里最上方的顶点是C，因此就需要对顶点C可到达的顶点和成本进行调查，然后再在对应的顶点和成本的位置上设置标记（表6.2）。

表6.2　从顶点C 开始添加成本

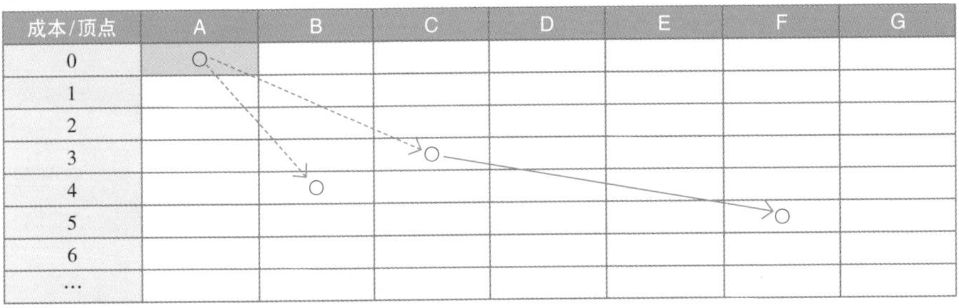

成本/顶点	A	B	C	D	E	F	G
0	○						
1							
2							
3			○				
4		○					
5						○	
6							
…							

反复执行这一操作，设置标记的位置就会一直往下延伸。此外，从还未进行处理的顶点当中查找距离自己最近的顶点时，虽然需要对顶点逐个进行确认，但是只需从候补顶点当中选出成本最小的顶点即可。

对那些已确认为成本最小的顶点设置标记，然后再从没有设置标记的顶点中查找成本最小的顶点。当我们完成了对所有路径的计算后，就可以得到如表6.3 所示的结果。

表6.3　查找了所有顶点的结果

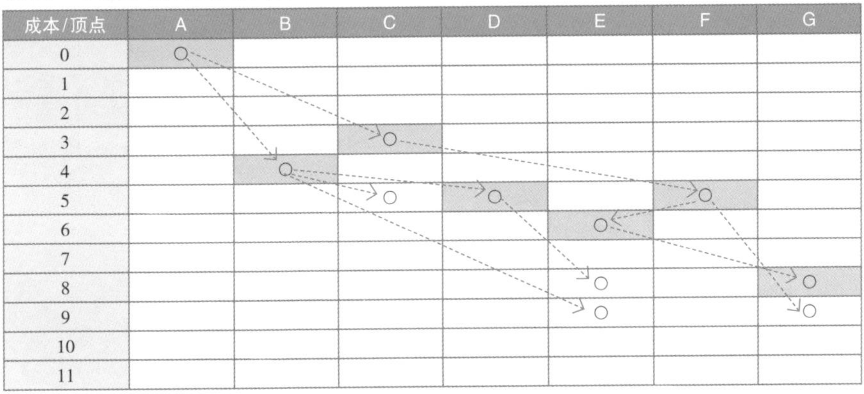

成本/顶点	A	B	C	D	E	F	G
0	○						
1							
2							
3			○				
4		○					
5			○	○		○	
6					○		
7							
8					○		○
9					○		○
10							
11							

由于戴克斯特拉算法只需要对成本最小的顶点进行计算，因此就不需要对最小顶点以外的顶点进行查找。

6.3.2 使用Python 进行编程实现

在实际编写程序时，并不需要制作上述表格，只需要查找候补顶点中成本最小的顶点即可。

使用Python 进行编程实现时，可以编写如程序清单6.4 所示的代码。这里所使用的数据结构与贝尔曼－福特算法是有所不同的。由于戴克斯特拉算法通常是从某个顶点开始依次对边进行计算，因此我们将使用列表的索引从起点的顶点开始进行读取。

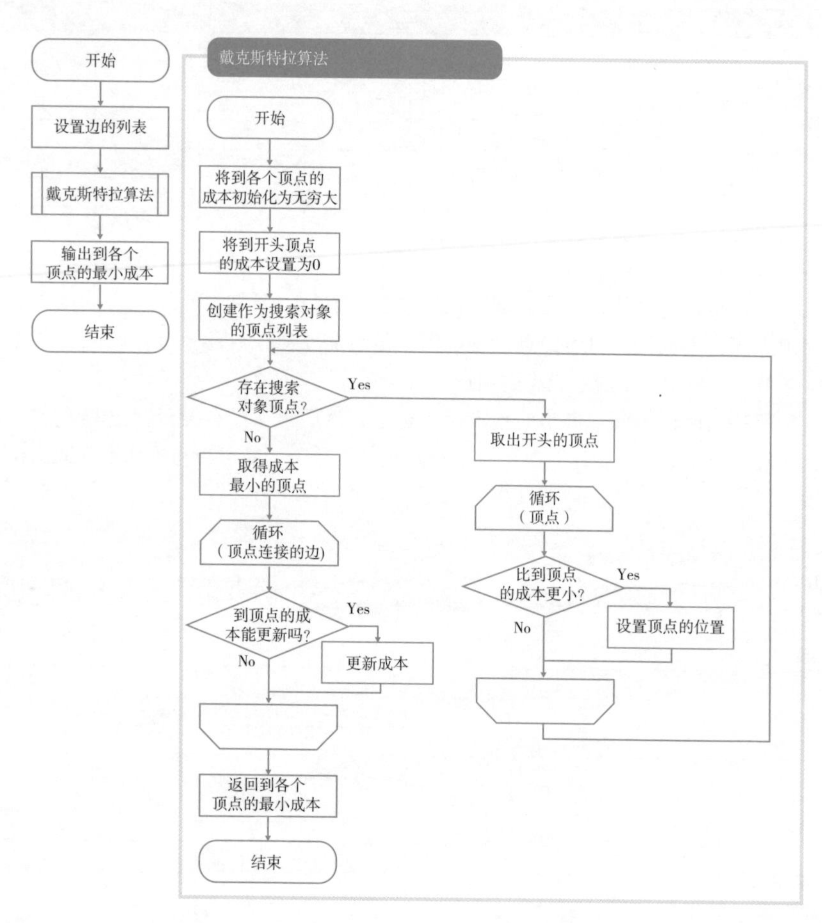

程序清单6.4　dijkstra.py

```
def dijkstra(edges, num_v):
    dist = [float('inf')] * num_v
    dist[0] = 0
    q = [i for i in range(num_v)]

    while len(q) > 0:
        # 查找成本最小的顶点
        r = q[0]
        for i in q:
            if dist[i] < dist[r]:
                r = i          ←当找到成本最小的顶点时进行更新
```

```
        # 提取成本最小的顶点
        u = q.pop(q.index(r))
        for i in edges[u]:  ←对所提取顶点的边进行循环
            if dist[i[0]] > dist[u] + i[1]:
                # 当到顶点的成本需要更新时就执行更新操作
                dist[i[0]] = dist[u] + i[1]

    return dist

# 边的列表(终点和成本的列表)
edges = [
    [[1, 4], [2, 3]],                ←始于顶点A的边的列表
    [[2, 1], [3, 1], [4, 5]],        ←始于顶点B的边的列表
    [[5, 2]],                        ←始于顶点C的边的列表
    [[4, 3]],                        ←始于顶点D的边的列表
    [[6, 2]],                        ←始于顶点E的边的列表
    [[4, 1], [6, 4]],                ←始于顶点F的边的列表
    []                               ←始于顶点G的边的列表
]
print(dijkstra(edges, 7))
```

6.3.3 思考算法复杂度、实现高速化

对制作上述表格的算法复杂度进行确认，由于它是将查找 n 个顶点的处理对每个顶点都执行 n 次，仅这一操作就需要使用双重循环，因此复杂度是 $O(n^2)$。虽然需要对每个顶点都执行查找操作，但是由于对每个顶点的查找只执行一次，因此将 m 作为边的数量，其算法复杂度就是 $O(m)$，整体的算法复杂度就是 $O(m+n^2)$。然而，由于 m 最大为 $\frac{n(n-1)}{2}$，因此算法复杂度就是 $O(n^2)$。

由于不能省略对顶点的边的查找处理，因此就需要考虑从队列中选择最前面的顶点进行处理，如程序清单 6.4 所示。程序对队列中所有的顶点进行循环遍历，下面我们将通过改变数据结构的方式优化算法的实现。

这一数据结构就是所谓的优先队列。通过使用名为斐波那契堆的数据结构，可以实现提取出距离最近的元素的队列。

优先队列是一种可以从其中保存的 n 个元素中以 $O(\log n)$ 的复杂度提取最小元素的队列。这样一来，算法整体的阶就变成了 $O(m+n\log n)$。

然而，要编程实现使用斐波那契堆的优先队列是非常复杂的，而且在实际当中也并不能明显提升算法的处理速度。大多数情况下，都是使用我们在第 5 章的堆排序中所讲解的简单的堆来实现优先队列的。

6.3.4 编程实现基于堆的优先队列

在这里将尝试使用我们在堆排序中所编写的堆的代码来实现优先队列。由于堆中最开头的元素为最小的值，因此每次提取元素后都需要对堆进行重构来保持其顺序（程序清单6.5）。

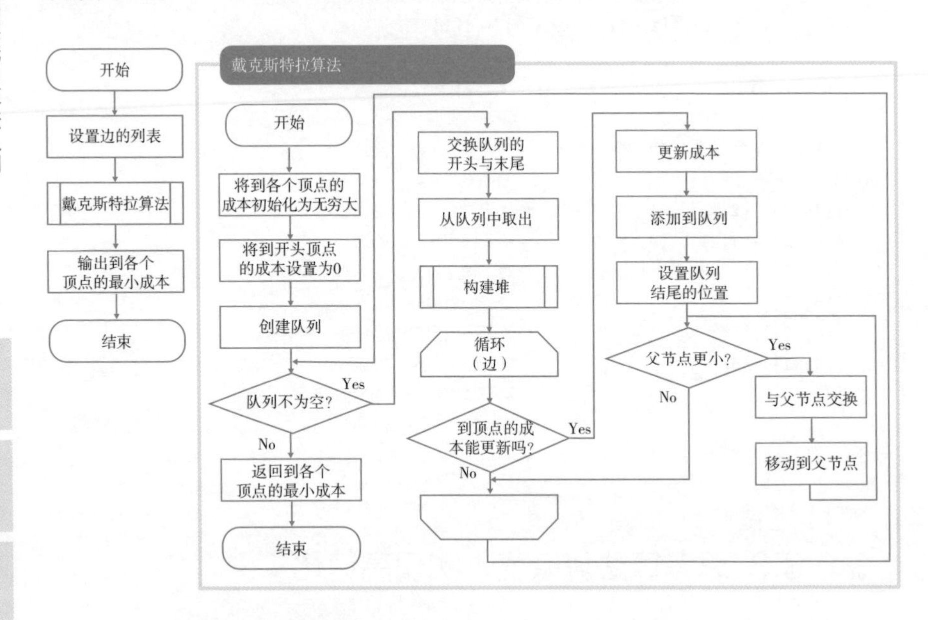

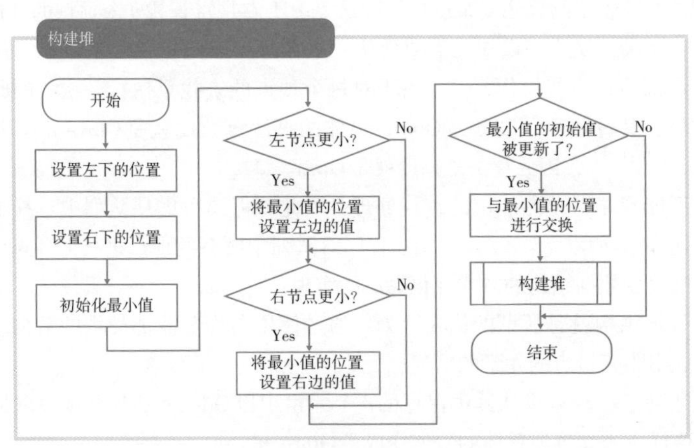

程序清单6.5　dijkstra2.py

```
def min_heapify(data, i):
    left = 2 * i + 1
    right = 2 * i + 2
    min = i
    if left < len(data) and data[i][0] > data[left][0]:
        min = left    ←左边的值更小时，就将最小值的位置设置到左边
    if right < len(data) and data[min][0] > data[right][0]:
        min = right    ←右边的值更小时，就将最小值的位置设置到右边
    if min != i:
        data[i], data[min] = data[min], data[i]
        min_heapify(data, min)

def dijkstra(edges, num_v):
    dist = [float('inf')] * num_v
    dist[0] = 0
    q = [[0, 0]]

    while len(q) > 0:
        # 从队列中提取最小的元素
        q[0], q[-1] = q[-1], q[0]
        _, u = q.pop()
        # 再次构建队列
        min_heapify(q, 0)
        # 确认每个边的成本
        for i in edges[u]:
            if dist[i[0]] > dist[u] + i[1]:
                dist[i[0]] = dist[u] + i[1]
                q.append([dist[u] + i[1], i[0]])
                j = len(q) - 1
                while (j > 0) and (q[(j - 1) // 2] < q[j]):
                    q[(j - 1) // 2], q[j] = q[j], q[(j - 1) // 2]
                    j = (j - 1) // 2

    return dist

edges = [
    [[1, 4], [2, 3]],
    [[2, 1], [3, 1], [4, 5]],
    [[5, 2]],
    [[4, 3]],
    [[6, 2]],
    [[4, 1], [6, 4]],
```

```
    []
]
print(dijkstra(edges, 7))
```

使用了上述堆之后，算法整体的阶就变成了O((*m* + *n*)log*n*)。

此外，如果使用在第5章中也使用过的堆的软件库，就可以像程序清单6.6那样编写出更加简洁的代码。

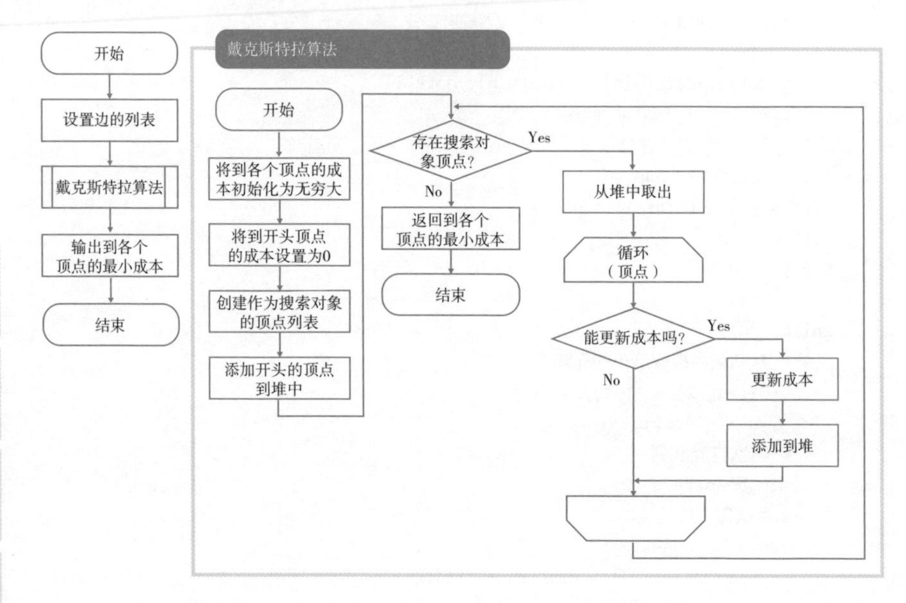

程序清单6.6　dijkstra3.py

```
import heapq

def dijkstra(edges, num_v):
    dist = [float('inf')] * num_v
    dist[0] = 0
    q = []
    heapq.heappush(q, [0, 0])

    while len(q) > 0:
        # 从堆中提取
        _, u = heapq.heappop(q)
        for i in edges[u]:
            if dist[i[0]] > dist[u] + i[1]:
                # 当到达顶点的成本得到更新时，即可进行更新并登记到堆中
```

```
                dist[i[0]] = dist[u] + i[1]
                heapq.heappush(q, [dist[u] + i[1], i[0]])

    return dist

# 边的列表（终点和成本的列表）
edges = [
    [[1, 4], [2, 3]],
    [[2, 1], [3, 1], [4, 5]],
    [[5, 2]],
    [[4, 3]],
    [[6, 2]],
    [[4, 1], [6, 4]],
    []
]
print(dijkstra(edges, 7))
```

此外，如果需要对通往各个顶点的路径进行计算，还可以采用对通过的地点进行记录的方法。将终点的位置也作为参数进行传递，当到达终点时就返回路径，对于其他情况，则是将通过的所有地点添加到列表中进行查找，具体实现如程序清单6.7所示。

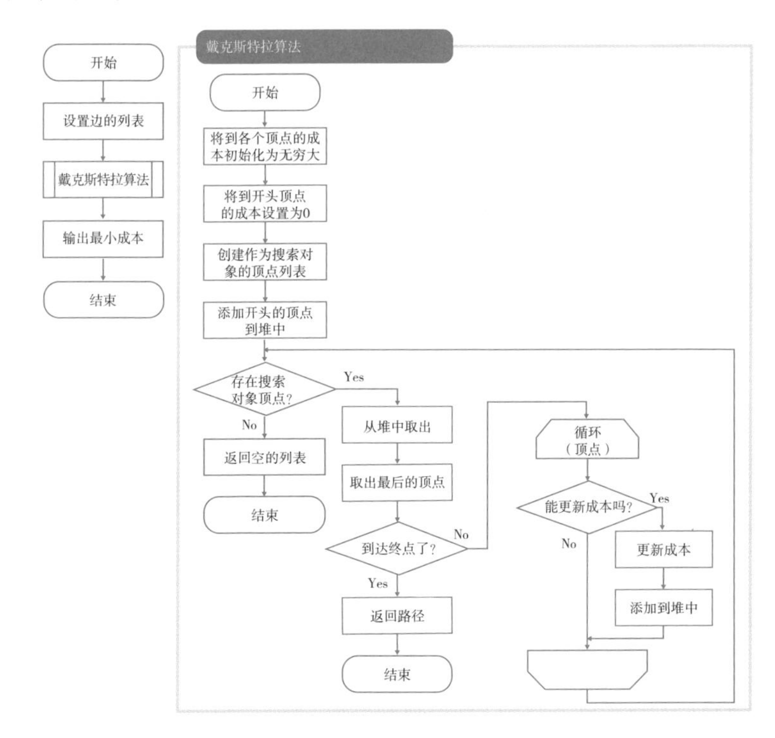

程序清单6.7　dijkstra4.py

```
import heapq

def dijkstra(edges, num_v, goal):
    dist = [float('inf')] * num_v
    dist[0] = 0
    q = []
    heapq.heappush(q, [0, [0]])

    while len(q) > 0:
        # 从堆中提取
        _, u = heapq.heappop(q)
        last = u[-1]
        if last == goal:
            return u
        for i in edges[last]:
            if dist[i[0]] > dist[last] + i[1]:
                # 当到达顶点的成本得到更新时，即可进行更新并登记到堆中
                dist[i[0]] = dist[last] + i[1]
                heapq.heappush(q, [dist[last] + i[1], u + [i[0]]])

    return []

# 边的列表（终点和成本的列表）
edges = [
    [[1, 4], [2, 3]],
    [[2, 1], [3, 1], [4, 5]],
    [[5, 2]],
    [[4, 3]],
    [[6, 2]],
    [[4, 1], [6, 4]],
    []
]
print(dijkstra(edges, 7, 6))
```

执行上述代码，可以得到如下所示的结果，程序输出的是顶点编号的列表。

执行结果　执行dijkstra4.py（程序清单6.7）

```
C:\>python dijkstra4.py
[0, 2, 5, 4, 6]
C:\>
```

6.3.5 戴克斯特拉算法的注意点

虽然戴克斯特拉算法也可以像贝尔曼-福特算法那样对最短路径进行计算，但是如果成本的值中存在负数，有时是无法计算出正确的路径的。

因此，通常情况下当成本的取值中不存在负的边时，可以采用戴克斯特拉算法，如果存在负的边，即使需要花费更多的处理时间也应使用贝尔曼-福特算法。

戴克斯特拉算法还用于著名的路由协议 OSPF（Open Shortest Path First）中。

6.4 A* 算法

√ 学习采用避免探索无意义路径的方式实现高速化处理的A* 算法。

√ 理解A* 算法成本的推测值是非常重要的。

6.4.1 尽量避免探索无意义的路径

A*（A-Star）是戴克斯特拉算法的改进算法，它可以通过设法避免对远离终点的无意义的路径的探索，来实现高速的处理。

例如，在图6.11所示的布局中，对从A到G的路径进行查找，其中往反向的X或Y等节点移动的路径很明显就是无意义的。

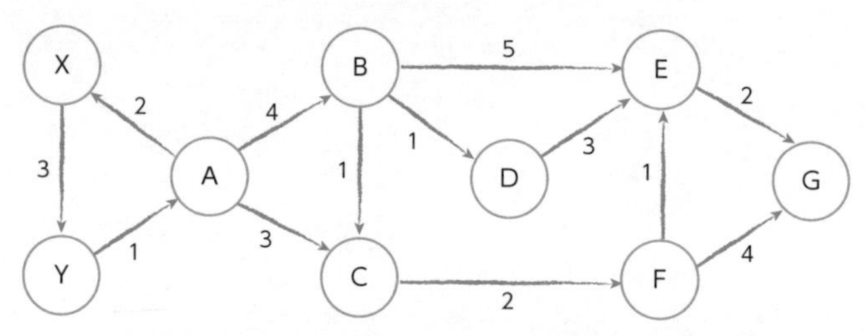

图6.11 与终点方向相反的路径的示例

由于A* 算法是对远离终点的路径进行判断，因此它不仅需要考虑从起点到终点的成本，还需要考虑从当前位置到终点的成本的推测值。此外，还可以采用从起点开始实际所需的成本与到达终点的推测成本相加的方法。通过这种方式，我们就可以在计算路径时加入对推测成本的考量。

对成本进行推测时，可以采用在类似地图一样的路径上使用平面上的直线距离的方法。这里为了方便理解，我们将尝试考虑在如图6.12所示的线上进行移动的路径。从S的位置开始移动到G的位置。

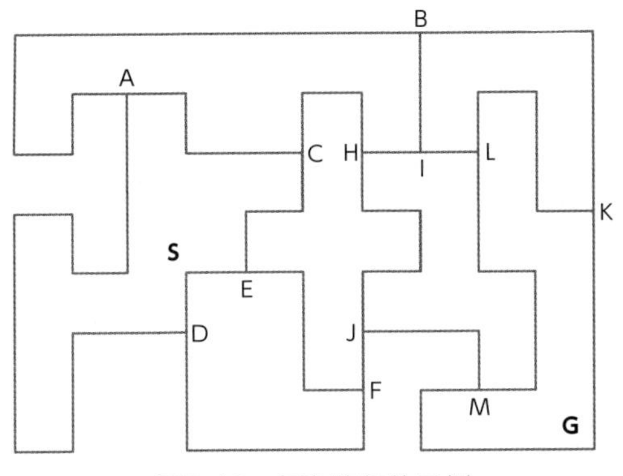

图6.12　复杂路径的示例

虽然图6.12看上去可能有些复杂，实际上对到达各个分支的点的距离进行确认，可以使用图6.13来表示。转换成下面这样的图之后，看上去使用戴克斯特拉算法也是可以求解的。

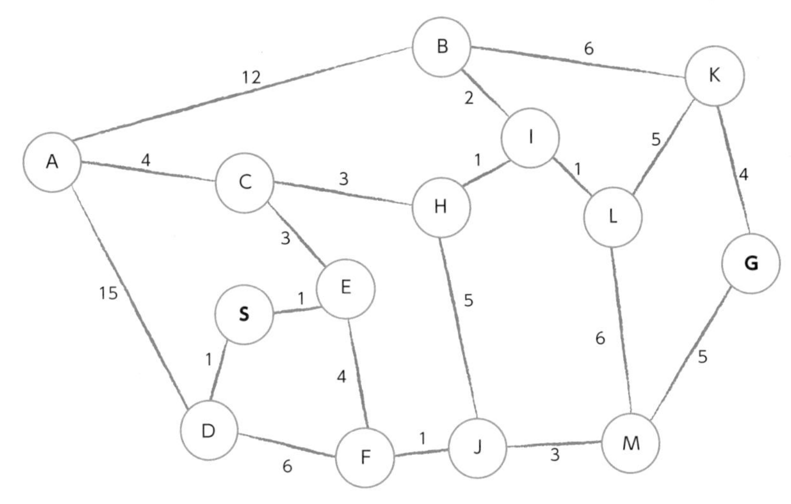

图6.13　将图6.12 转换成图

6.4.2 考虑成本的推测值

接下来，我们将尝试把从各个节点到终点的直线距离作为成本的推测值。如果是图6.13，可以将如图6.14 所示的曼哈顿距离作为推测成本使用。由于曼哈顿距离是各个坐标的差的绝对值，因此，无论选择哪一条路径得到的距离都是相同的。

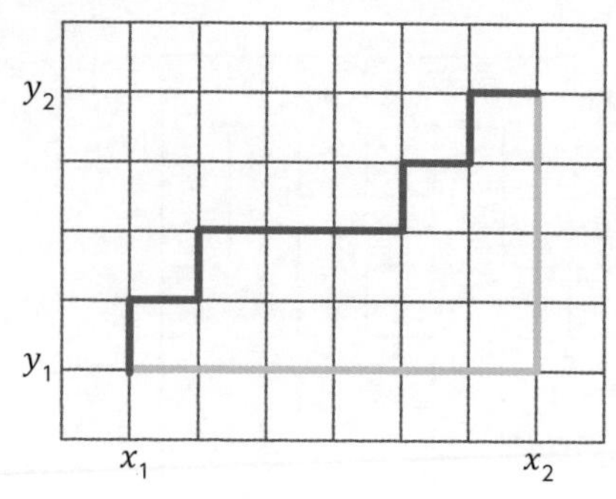

图6.14　曼哈顿距离

我们对各个节点间的成本（距离）进行相加，将始于终点的曼哈顿距离作为推测的值使用，尝试编写与戴克斯特拉算法类似的程序。这里是将从下一个节点到终点的曼哈顿距离作为成本的推测值来使用的。

将图6.12的到达终点的曼哈顿距离写在节点内，就可以得到如图6.15所示的结果。

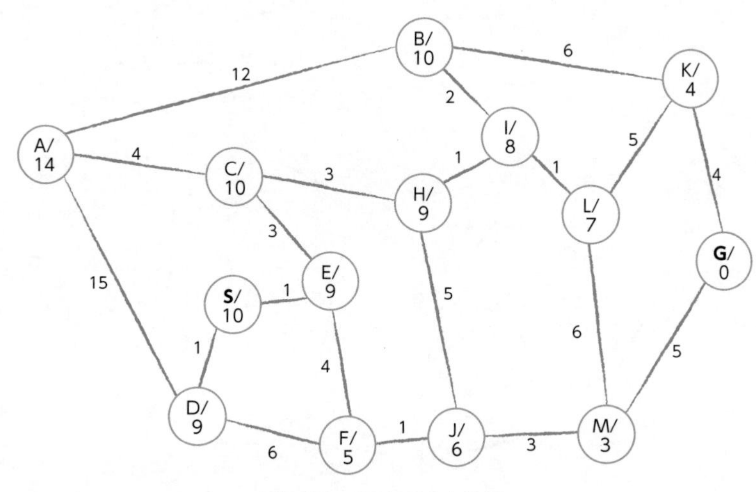

图6.15　反映了成本的图

然而，成本的推测值仅仅只是预估值，并不一定是正确的值。此外，我们不仅可以使用曼哈顿距离，还可以使用其他不同的计算方法，当然使用手动设置的方式计算也是可以的。

不过，如果设置的成本推测值比实际的成本值大，A* 算法是无法保证一定能够查找到最短路径的。此外，由于成本必须是固定的，因此如果成本发生变化是无法找到最优解的。

6.4.3 A*算法的编程实现

作为成本的推测值，我们将事先对顶点的距离进行计算得到的结果作为参数传递给函数。对程序清单6.7的代码稍加修改，就可以得到如程序清单6.8所示的代码。

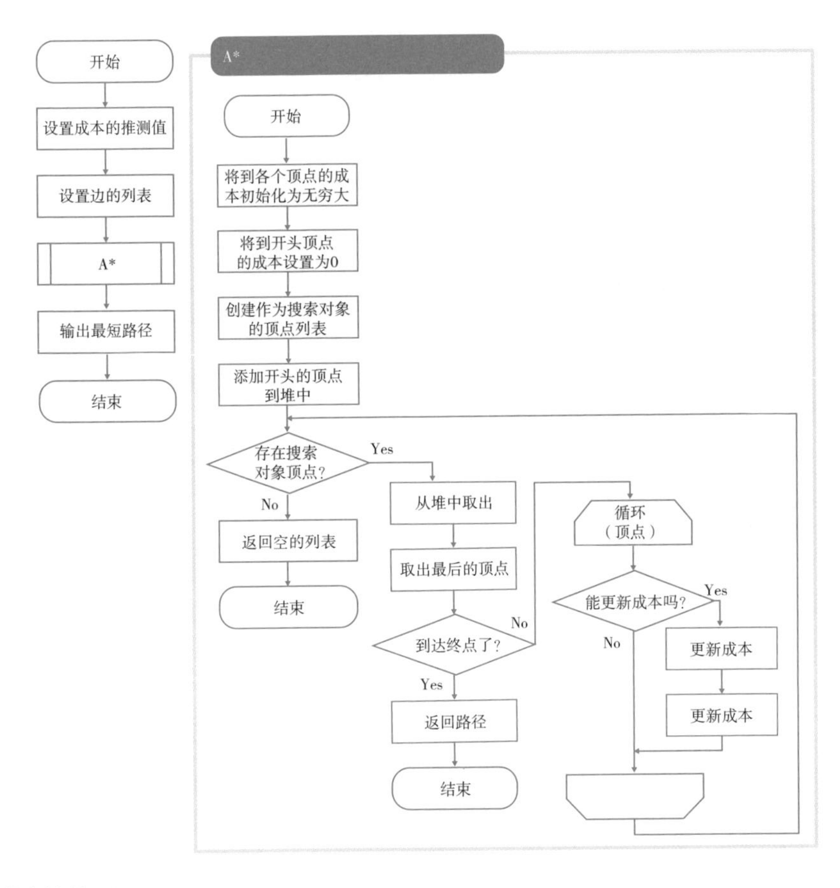

程序清单6.8 astar.py

```
import heapq

def astar(edges, nodes, goal):
    dist = [float('inf')] * len(nodes)
    dist[0] = 0
    q = []
    heapq.heappush(q, [0, [0]])
```

```
    while len(q) > 0:
        _, u = heapq.heappop(q)
        last = u[-1]
        if last == goal:
            return u
        for i in edges[last]:
            if dist[i[0]] > dist[last] + i[1]:
                dist[i[0]] = dist[last] + i[1]
                heapq.heappush(q, [dist[last] + i[1] + nodes[i[0]], u + [i[0]]])

    return []

# 成本的推测值
nodes = [
    10, 14, 10, 10, 9, 9, 5, 0, 9, 8, 6, 4, 7, 3
]

# 边的列表（终点和成本的列表）
edges = [
    [[4, 1], [5, 1]],
    [[2, 12], [3, 4], [4, 15]],
    [[1, 12], [9, 2], [11, 6]],
    [[1, 4], [5, 3], [8, 3]],
    [[1, 15], [0, 1], [6, 6]],
    [[0, 1], [3, 3], [6, 4]],
    [[4, 6], [5, 4], [10, 1]],
    [[11, 4], [13, 5]],
    [[3, 3], [9, 1], [10, 5]],
    [[2, 2], [8, 1], [12, 1]],
    [[6, 1], [8, 5], [13, 3]],
    [[2, 6], [7, 4], [12, 5]],
    [[9, 1], [11, 5], [13, 6]],
    [[7, 5], [10, 6], [12, 3]]
]
print(astar(edges, nodes, 7))
```

执行上述代码，可以得到如下所示的执行结果。

执行结果　**执行astar.py（程序清单6.8）**

```
C:\>python astar.py
[0, 5, 6, 10, 13, 7]
C:\>
```

在图6.15中，将起点S设置为0，A设置为1，B设置为2，这样按照英文字母的顺序为所有的顶点设置编号，其结果就是，如果按照S(0)→E(5)→F(6)→J(10)→M(13)→G(7)的顺序移动，得到的就是起点到终点的最短路径。

通过上述操作，我们就完成了对路径的求解。由于本节的示例中所使用的图的规模很小，因此无论是使用戴克斯特拉算法还是使用A*算法，处理时间上都不会有太大差别，但是探索路径的次数变少了。

当图的规模更大时，算法间的差异也会更加显著，采用A*算法可以实现更为高效的探索。在实际应用中，建议大家根据所需的计算精度和处理时间等因素选择合适的算法。

此外，在求取最短路径时，还可以考虑使用分治算法和双向探索等其他各种算法。建议大家继续尝试其他的算法实现。

6.5 字符串查找中的暴力搜索法

√ 学习如何从头开始按顺序搜索字符串的方法。
√ 学习Python 中处理字符串的方法。

6.5.1 从没有索引的字符串开始搜索

下面介绍如何在较长的文章中查找特定的字符串。如果使用搜索引擎，就需要通过特定的关键字在搜索引擎的大量网站数据中进行搜索。有时使用者也需要在打开的网页中寻找特定单词所在的位置。

搜索引擎为了实现快速的检索处理，通常都会使用Ngram[注1]等算法创建索引。但是在文本文件中搜索字符串时，是没有索引可以利用的。

6.5.2 从前往后搜索匹配位置

接下来，我们将考虑这类字符串搜索处理的实现方法。首先从头开始按顺序查找与关键字匹配的字符串。在这里我们将文本文件中的搜索对象称为文本，将需要查找的字符串称为模式串。

例如，在“SHOEISHA SESHOP”这段文本中搜索“SHA”这一模式串第一次出现的位置时，就可以与开头的“S”进行比较，确认两者是否匹配（图6.16）。由于开头的“S”是匹配的，因此继续对后面的“H”进行比较。经过比较之后，“H”也是匹配的，但是紧随其后的“O”与“A”却是不匹配的。因此，我们就需要将开头的字符往后挪一个位置，再重复上述操作。

像这样从头开始按顺序对关键字进行反复搜索的方法称为暴力搜索法。这种方法正如其名字，只是一味地依靠蛮力进行搜索，因此处理速度并不理想。

注1 一种使用连续的n个字符对需要搜索的文章进行分割，创建类似索引一样的方法。例如，当n=2时，“这本书是算法的入门书籍”这句话就可以像“这本”“本书”“书是”“是算”“算法”“法的”“的入”“入门”“门书”“书籍”这样进行分割。

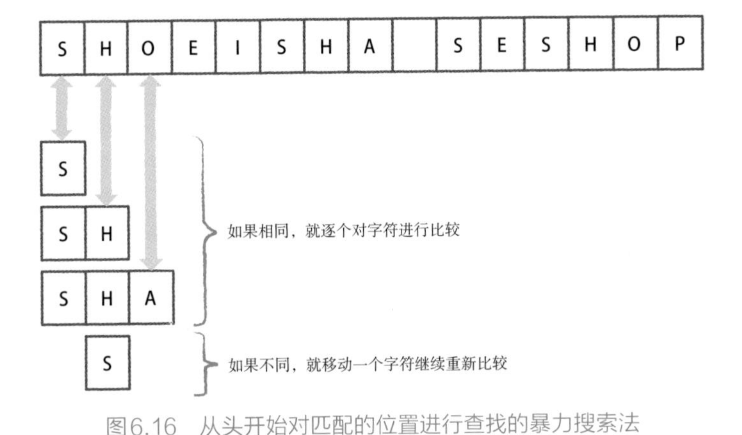

图6.16　从头开始对匹配的位置进行查找的暴力搜索法

6.5.3 暴力搜索法的编程实现

使用Python编程实现，可以如程序清单6.9所示编写代码。

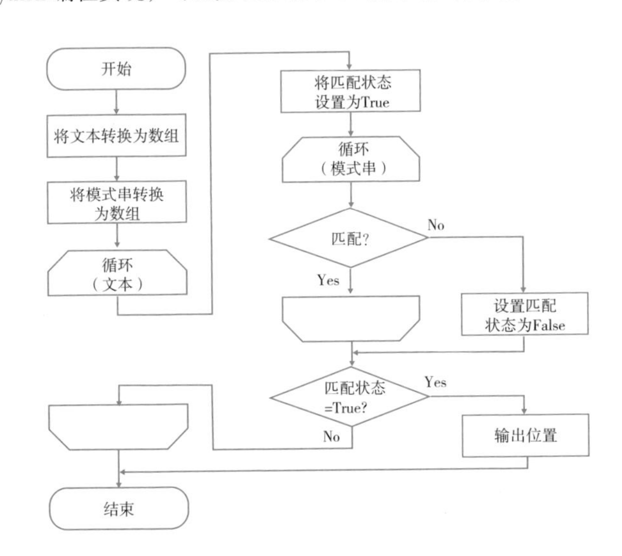

程序清单6.9　search_string.py

```
text = list('SHOEISHA SESHOP')        ←将文本转换为列表
pattern = list('SHA')                 ←将模式串转换为列表

for i in range(len(text)):
```

```
    match = True                    ←开始搜索时，假设已经成功匹配
    for j in range(len(pattern)):
        if text[i + j] != pattern[j]:
            match = False           ←不匹配
            break
    if match:                       ←当所有的字符都匹配时，进行输出
        print(i)
        break
```

执行结果　**执行search_string.py（程序清单6.9）**

```
C:\>python search_string.py
5
C:\>
```

在Python中，可以使用list函数将字符串转换为由单个字符所组成的列表。对文本的列表与模式串列表中的字符逐一进行反复比较，并确认其是否匹配，如果找到了与模式串完全匹配的位置即可结束搜索。

对于上述代码中的数据规模而言，程序一瞬间就可以处理完毕，如果是更长的文本数据，则花费的时间也会更长。

6.6 Boyer-Moore算法

√ 学习Boyer-Moore算法。

√ 与暴力搜索法的处理时间进行比较。

6.6.1 暴力搜索法中存在的问题

暴力搜索法中存在的问题是，当搜索的字符不匹配时，只是错开一个字符对模式串从头开始重新进行搜索。如果模式串不匹配时，可以一次错开多个字符进行比较，就能实现高速的处理。

例如，对“SHOEISHA”字符串开头的“SHO”与模式串“SHA”进行比较，当两者不匹配时，不是从位于“S”后面的“H”开始比较，而是直接错开三个字符从“E”开始比较，就可以实现高速处理（图6.17）。

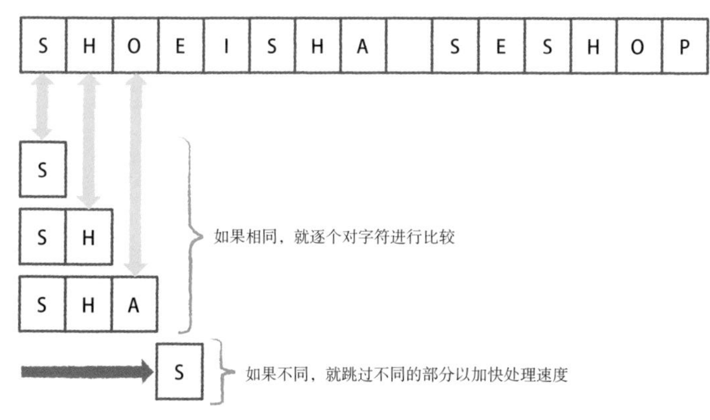

图6.17 当字符串不匹配时，可以错开多个字符实现高速处理

高效地对字符串进行搜索的算法包括KMP和Boyer-Moore。而KMP算法虽然理论上是高速的算法，但是在实际运用中处理速度也并不怎么理想，这一点是公认的事实。

6.6.2 从末尾开始比较并一次性错开

Boyer-Moore算法（顾名思义，是由Boyer和Moore这两个人设计的算法）是对需要搜索的模式串进行预处理的同时，对模式串从末尾开始比较来实现高速的处理。

这一预处理是事先对模式串中的每个字符进行错开几个字符的计算。如果文本中出现了模式串中不包含的字符，就说明模式串与文本是不匹配的，因此需要错开与模式串相同长度的字符数量。如果是模式串中已包含的字符，就可以错开从模式串末尾到该字符为止的字符。

也就是说，对“SHA”这一模式串进行搜索时（图6.18），“A”错开0个字符，“H”错开1个字符，“S”错开2个字符，其余情况错开3个字符（实际上错开0个字符是没有意义的，因此“A”也是错开3个字符）。

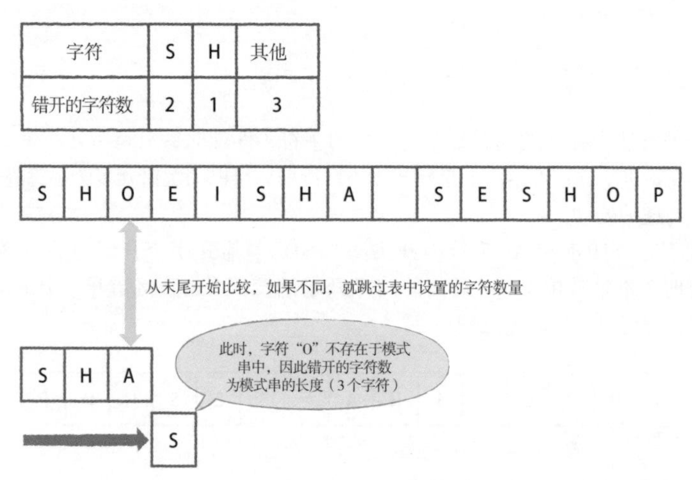

图6.18 从末尾开始比较，大幅度错开的Boyer-Moore算法

接下来，将进行编程实现（程序清单6.10）。事先将需要错开的字符数量保存到新创建的字典（关联数组）中，就可以错开该字符数量的字符。这个字典是按从前往后的顺序生成的，如果同一字符在模式串中多次出现，就对它进行覆盖，可以使用其右边的位置。

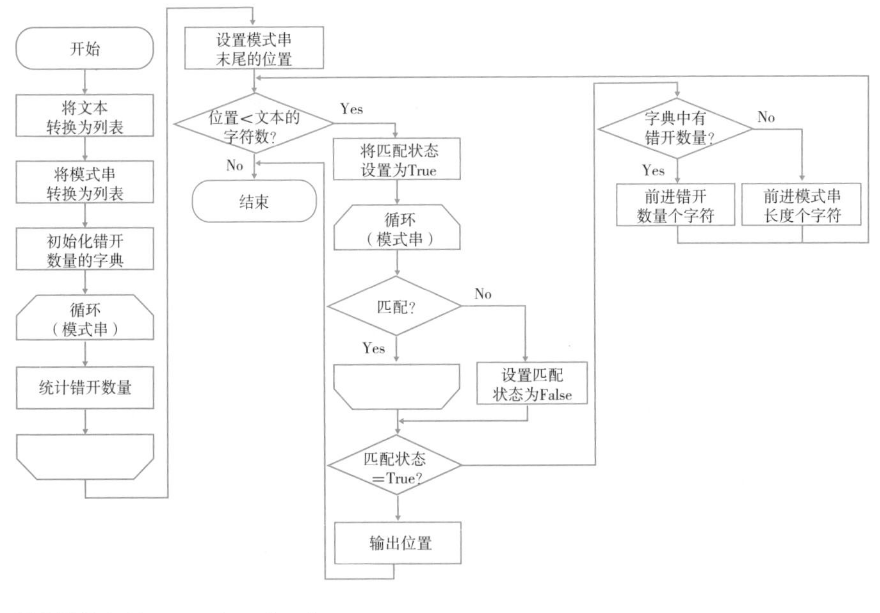

程序清单6.10　search_string_bm.py

```
text = list('SHOEISHA SESHOP')
pattern = list('SHA')

skip = {}
for i in range(len(pattern) - 1):
    skip[pattern[i]] = len(pattern) - i - 1     ←对错开的数量进行计算

i = len(pattern) - 1
while i < len(text):
    match = True
    for j in range(len(pattern)):
        if text[i - j] != pattern[len(pattern) - 1 - j]:
            match = False
            break
    if match:
        print(i - len(pattern) + 1)
        break
    if text[i] in skip:
        i += skip[text[i]]          ←按事先准备的数量错开位置
    else:
        i += len(pattern)           ←按模式串的字符数错开位置
```

6.6.3 处理时间的比较

下面将尝试使用暴力搜索法和Boyer-Moore算法对较长的字符串数据处理所需的时间进行比较。考虑到由于所指定的字符串的内容不同，完成处理所需的时间可能会有较大差异，因此，在这里我们只对下列三种文章内容进行比较。

● 青空文库中的字符串

使用青空文库中太宰治的《人间失格》。这是一篇超过7万字的文章。

● 随机的字符串

使用“啊”到“嗯”的字符，随机组成大约7万字的文章。

● 包含很多相同字符的字符串

重复使用“ABCDEFGHIJKLMNOPQRSTUVWXYZ”这一字符串，组成接近7万字的文章。

我们将尝试分别对上述三种文章中末尾包含的25个字符的字符串进行搜索。实际进行编程实现后，可以得到如表6.4所示的结果，可以看出，对于平时常用的字符串，即使内容不同，处理所需的时间也并无太大差别。

表6.4 比较搜索字符串所需的处理时间

	暴力搜索法/s	Boyer-Moore算法/s
青空文库中的字符串	0.09 （CPU时间：0.145）	0.05 （CPU时间：0.086）
随机的字符串	0.09 （CPU时间：0.130）	0.05 （CPU时间：0.086）
包含很多相同字符的字符串	0.10 （CPU时间：0.145）	0.04 （CPU时间：0.086）

之所以处理时间上并没有出现太大的差别，是因为对25个字符进行处理时，在处理过程中字符串是匹配的，后面出现不匹配的情况需要重新搜索，也不会对处理速度有太大影响。

此外，如果是从包含7万字符的字符串中搜索一个关键字，现代的计算机使用暴力搜索法一瞬间就可以处理完毕。如果需要从庞大的数据中多次反复进行搜索，有些情况使用Boyer-Moore算法的效率更高，大家可以根据使用目的灵活运用各种算法。

6.7 逆波兰表达式

√ 理解逆波兰表达式的表达方式和计算顺序。

√ 学会如何使用堆栈实现计算。

6.7.1 将运算符放置在前面的波兰表达式

我们可以尝试想象一下使用程序创建类似电子计算器的功能。例如，当输入“4+5*8–9/3”这样的字符串时，对其进行计算后可以输出结果41的程序。

虽然我们也可以使用从字符串的开头开始按顺序进行处理的方法，但是乘法和除法运算是需要优先进行处理的，因此使用这种方法进行处理是非常困难的。如果再考虑“4*(6+2)–(3–1)*5”这类包含括号的表达式，处理就会变得更为复杂。

之所以说实现这种处理是困难的，是因为运算符是夹在数字之间，这种写法称为中缀表达式。一般的数学公式就是使用中缀表达式书写的。为了对这种表达式进行简化，我们可以使用将运算符放置在前面的波兰表达式（前缀表达式）和将运算符放置在后面的逆波兰表达式（后缀表达式）。

如果使用波兰表达式，“1+2”的计算就可以写成“+ 1 2”。上述示例中的“4+5*8–9/3”就可以写成“–+4 * 5 8 / 9 3”，“4*(6+2)–(3–1)*5”则可以写成“–*4 + 6 2 * –3 1 5”。

波兰表达式的特点是可以不使用括号，只进行运算，通过这样的方式就只需要从头开始依次进行处理即可得到结果。不过，对多个数字进行区分时，需要使用分隔符，通常是使用空格（空白）作为分隔符。

此外，由于还可以考虑使用如图6.19所示的树形结构，程序的处理就会变得更加简单。例如，类似LISP等编程语言使用的就是波兰表达式。

1 2 3 4 5 6 A B

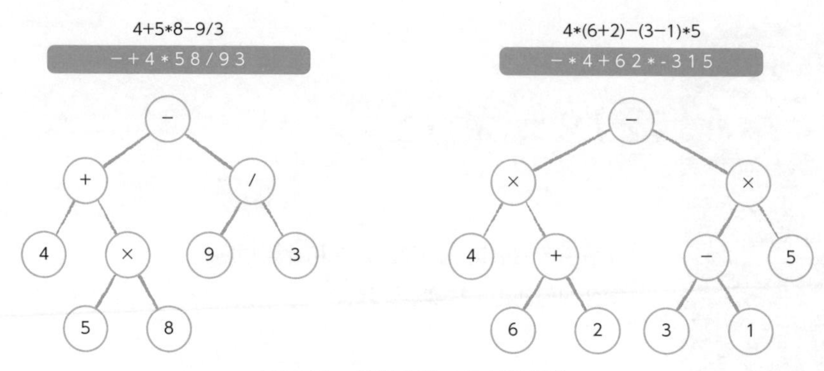

图6.19 波兰表达式的树的结构

6.7.2 将运算符放置在后面的逆波兰表达式

相反地，逆波兰表达式是将运算符放置在后面编写的表达式。例如，上述示例中的“4+5*8−9/3”则可以写成“4 5 8 * + 9 3 / −”，“4*(6+2)−(3−1)*5”则可以写成“4 6 2 + * 3 1 5 * −”。

逆波兰表达式是将“1+2”写成“1 2 +”，可以将它看成类似于中文的“1 与 2 相加”。逆波兰表达式与波兰表达式相同，为了区分多个数字需要使用分隔符，通常使用空格作为分隔符。

使用逆波兰表达式书写的表达式具有可以使用堆栈轻易实现处理的特点。从开头按顺序进行读取，如果是数字，就将其入到堆栈中；如果是运算符，就从堆栈中弹出数值进行计算，然后再将计算的结果压入到堆栈中，只需要重复这一操作就可以实现对表达式的计算。

例如，“4 6 2 + * 3 1 − 5* −”就可以按图6.20中的顺序进行处理。

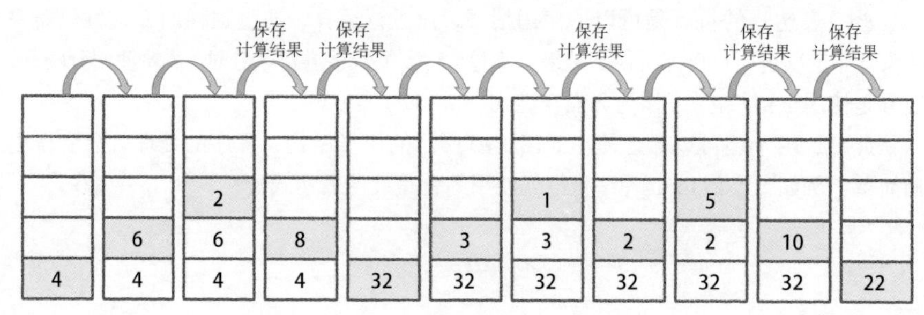

图6.20 “4 6 2 + * 3 1 − 5 * −”的处理顺序

创建处理这一表达式的程序，可以如程序清单6.11所示编写代码。这里只对加减乘除四种运算符进行计算。从堆栈中弹出数值时，弹出顺序是与压入顺序相反的，因此如果不注意弹出顺序，减法和除法的运算结果会发生变化。这是操作时需要留意的地方。

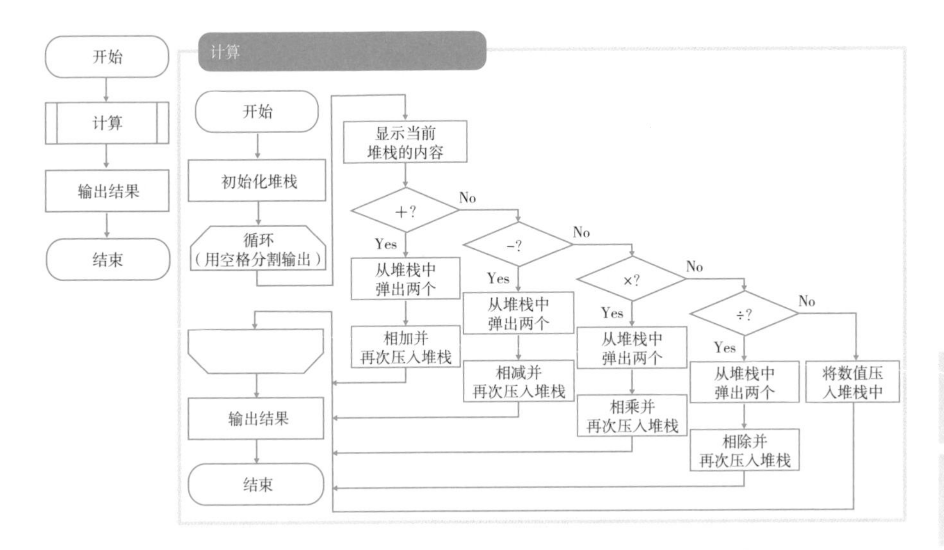

程序清单6.11　calc.py

```
def calc(expression):
    stack = []
    for i in expression.split(' '):
        # 显示当前的堆栈内容
        print(stack)
        if i == '+':
            # 当运算符为+时，从堆栈中提取两个元素进行加法运算，并再次压入堆栈
            b, a = stack.pop(), stack.pop()
            stack.append(a + b)
        elif i == '-':
            # 当运算符为-时，从堆栈中提取两个元素进行减法运算，并再次压入堆栈
            b, a = stack.pop(), stack.pop()
            stack.append(a - b)
        elif i == '*':
            # 当运算符为*时，从堆栈中提取两个元素进行乘法运算，并再次压入堆栈
            b, a = stack.pop(), stack.pop()
            stack.append(a * b)
        elif i == '/':
```

```
            # 当运算符为/时，从堆栈中提取两个元素进行除法运算，并再次推入堆栈
            b, a = stack.pop(), stack.pop()
            stack.append(a // b)
        else:
            # 除了运算符之外(数字)，对该数值进行保存
            stack.append(int(i))
    return stack[0]

print(calc('4 6 2 + * 3 1 - 5 * -'))
```

执行结果　**执行calc.py(程序清单6.11)**

```
C:\>python calc.py
[]
[4]
[4, 6]
[4, 6, 2]
[4, 8]
[32]
[32, 3]
[32, 3, 1]
[32, 2]
[32, 2, 5]
[32, 10]
22
C:\>
```

因为波兰表达式和逆波兰表达式不仅可以用于学习第5章中讲解的堆栈的操作，还用在对树形结构进行处理的程序中，所以被广泛应用于各种领域。

6.8 欧几里得相除法

√ 理解通过将数学思维编写成代码从而实现高速处理的算法是存在的。

√ 掌握编程实现欧几里得相除法的方法。

6.8.1 高效地计算最大公约数

在计算两个自然数的最大公约数的众多方法中，比较著名的有欧几里得相除法。虽然也可以运用第2章中讲解的计算质数的方法来计算因数，但是使用欧几里得相除法可以实现更高速的处理。

欧几里得相除法，正如其名称一样，是通过反复地执行除法运算进行计算。这一运算的背后包含下列最大公约数定理。

> 定理
>
> 对两个自然数a和b，假设a除以b之后得到的商为q，余数为r，a和b的最大公约数就等于b和r的最大公约数。

这里我们不会列举示例对上述定理进行说明。但是使用这一定理，可以按照下列顺序计算最大公约。

（1）a除以b，计算余数r_0。

（2）b除以r_0，计算余数r_1。

（3）r_0除以r_1，计算余数r_2。

（4）当余数变成0时，被除的数字就是最大公约数。

例如，当$a = 1274$、$b = 975$时，就可以按照以下步骤计算最大公约数。

（1）$1274 \div 975=1$ 余数 299。

（2）$975 \div 299=3$ 余数 78。

（3）$299 \div 78=3$ 余数 65。

（4）$78 \div 65=1$ 余数 13。

（5）$65 \div 13=5$ 余数 0。

通过上述计算，得到的最大公约数就是13。

接下来，将对这一计算进行编程实现。由于最大公约数的英语是Greatest Common Divisor，因此使用名为gcd的函数来实现，可以如程序清单6.12所示的那样编写代码。

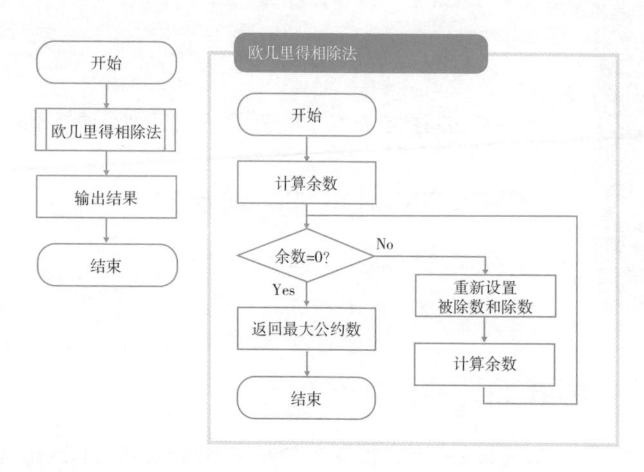

程序清单6.12　gcd1.py

```
def gcd(a, b):
    r = a % b
    while r != 0:
        a, b = b, r
        r = a % b    ←计算余数

    return b

print(gcd(1274, 975))
```

此外，我们还可以通过直接代入余数的方式简化代码的编写。如果使用程序清单6.13所示的方法，即使函数gcd的参数b为0，处理过程中也不会发生错误。

程序清单6.13　gcd2.py

```
def gcd(a, b):
    while b != 0:
        a, b = b, a % b

    return a

print(gcd(1274, 975))
```

6.8.2 学习更加复杂的算法

在本章中，我们对最短路径问题和字符串的搜索等实际工作中遇到的问题的算法进行了讲解。此外，还对通过数学思维使用计算机语言实现高效处理的方法进行了讲解。

由于目前将常用的算法作为软件库使用的情况也很多，因此这类处理通过自己手动实现的情况也逐渐减少了。但是，在实际工作中需要实现步骤复杂的处理也并不少见。

这种情况下，只要理解了算法的思想或算法复杂度的计算方法，就可以在多种实现方法中挑选出最佳的算法。此外，当执行程序后发现处理时间较长需要对处理进行改善时，也是必须要具备算法的相关知识的。

本书中讲解的只不过是入门级别的内容，除此之外还存在其他各种著名的复杂算法。大家如果对算法感兴趣，可以购买相关专业书籍，尝试解决竞争性编程或数学迷宫的问题。

不仅Python 代码是开源的，与其他语言相关的书籍或网站大多也是公开的，尝试使用Python 语言重新编写其他编程语言实现的算法，对我们的日常工作也是有很大帮助的。建议大家动起手来，亲身体验一番。

理解程度Check！

●**问题1** 请思考当同一字符连续出现时，对该字符出现的次数进行计数和压缩的算法。这里只考虑由0和1两个字符构成的字符串，只对字符的出现次数进行显示。这是在传真中对数据进行压缩时常用的一种方法。

例如，请编写将字符串000000111111001110000000001111转换为列表[6 7 2 3 8 4]的程序。

此外，字符串必须以0开头，如果字符串是以1开头，就需要将列表的开头指定为0。

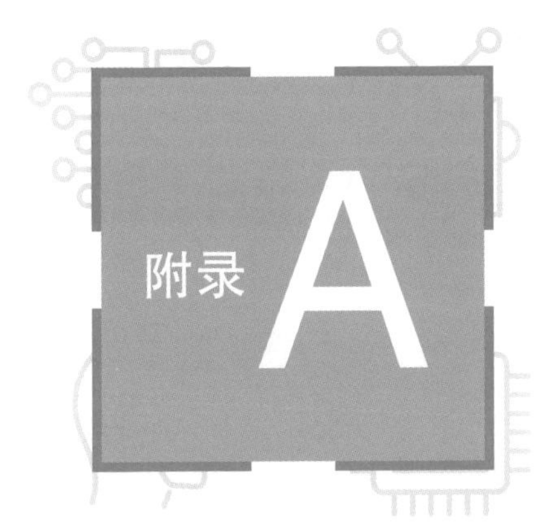
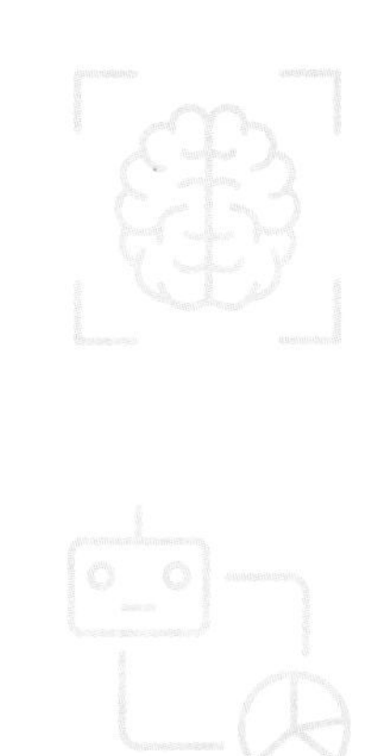

附录A

Python的安装

A.1 理解Python的处理系统

编程语言通常可以分为语言和处理系统两大部分。语言的规范部分是用于确定该编程语言的源代码的编写方式的。而另一方面，即使是相同的编程语言，不同的企业也会根据操作系统和硬件配置等条件的不同制作不同的处理系统。

Python中也存在多个处理系统，这些处理系统都是可以免费使用的，即使用于商业项目也没有问题。其中，应用最为广泛的是CPython基于C语言的实现。

处理系统通常由三大部分组成（图A.1）。这三个部分分别是，根据语法对源代码进行解释/转换的部分、作为常用功能的预先提供的软件库，以及实际执行软件操作的环境。

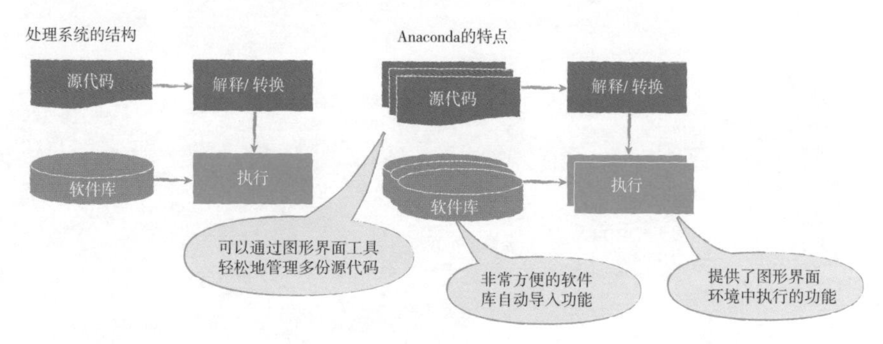

图A.1　处理系统的组成和Anaconda的特点

虽然Python也可以从官方网站中下载和安装需要使用的部分，但是由于其中包含了大量的软件库，因此一个个单独下载是非常麻烦的。

为了解决这一问题，本书使用了Anaconda工具包（可以对软件库进行统一安装和管理的工具）。在Anaconda中，不仅包含了常用的软件库，还可以使用图形界面工具编写和执行源代码，因此对初学者来说十分友好，而且它功能丰富，最大的优点就是可以非常轻松地导入各种不同的软件库。

A.2 使用Anaconda 安装Python

Anaconda 可以从下列网站中下载。本书使用的版本为Anaconda 2019.10。

https://www.anaconda.com/distribution/

在上述网站中选择安装Python 2或Python 3，这里选择的是图A.2界面中左侧的Python 3.7 version。读者可以根据安装环境使用的操作系统（Windows、macOS、Linux）、CPU的种类（64位、32位）选择最合适的版本进行下载。

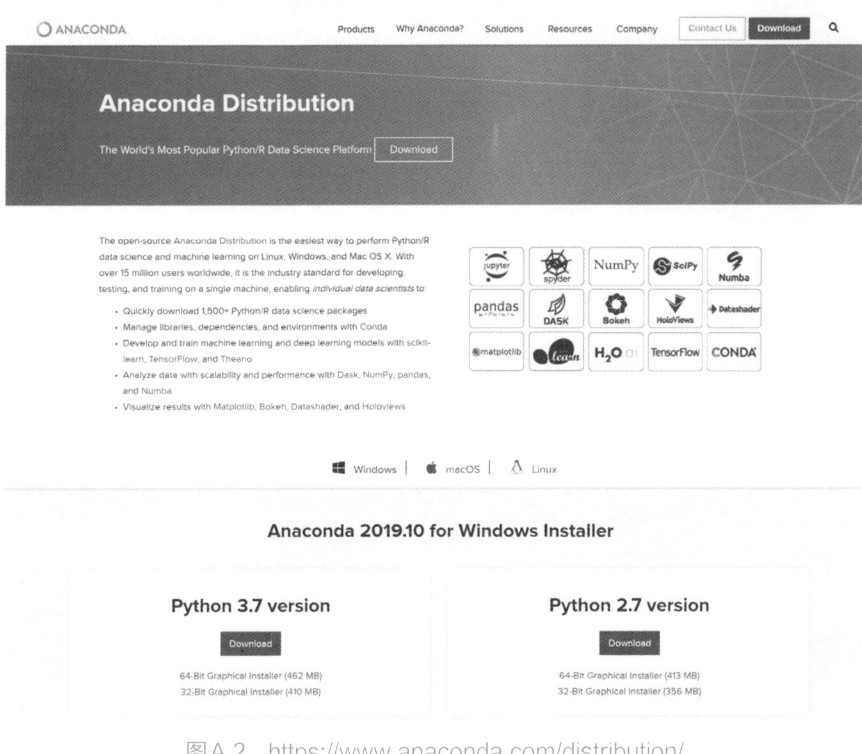

图A.2　https://www.anaconda.com/distribution/

A.2.1 Windows平台

如果将Python安装到Windows系统，需要执行下载后的安装向导。虽然显示的是英文界面，但是只要按照图A.3所示的步骤，依次单击“Next >”按钮就可以很容易地完成安装。

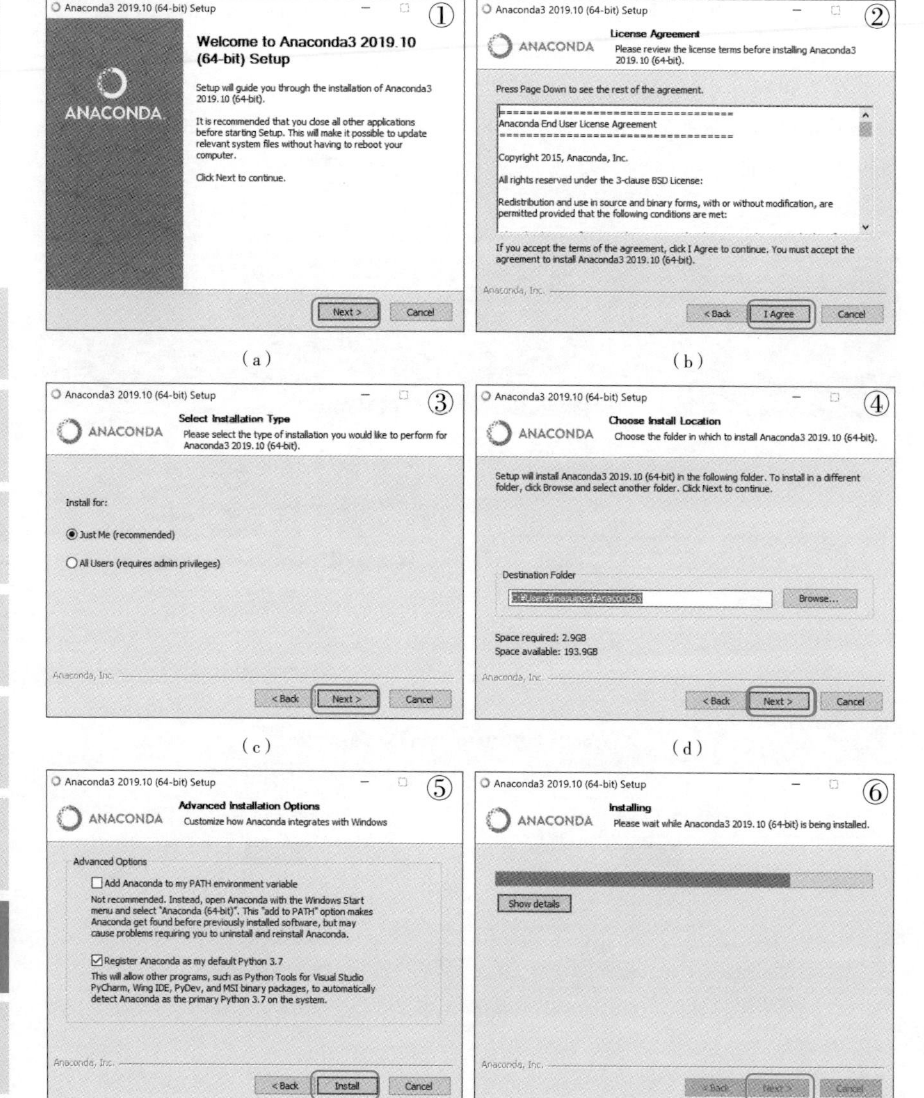

（g）

（h）

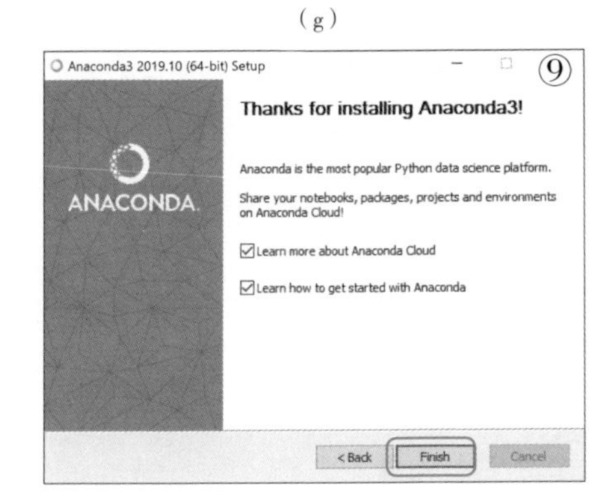

（i）

图A.3　Anaconda 的安装（Windows）（续）

安装完毕后，Windows 的“开始”菜单中就会显示如图A.4所示的画面。选择最上方的Anaconda Navigator即可打开GUI的菜单（图A.5）。如果需要添加下载软件包，使用这个菜单是非常方便的。

此外，正如本书所讲解的，如果需要使用IDE进行处理，可以使用图A.4中最下方的Spyder软件。

Anaconda3 (64-bit)
Anaconda Navigator
最近添加
Anaconda Prompt
最近添加
Jupyter Notebook
最近添加
Reset Spyder Settings
最近添加
Spyder
最近添加

图A.4　在"开始"菜单中添加Anaconda的启动菜单

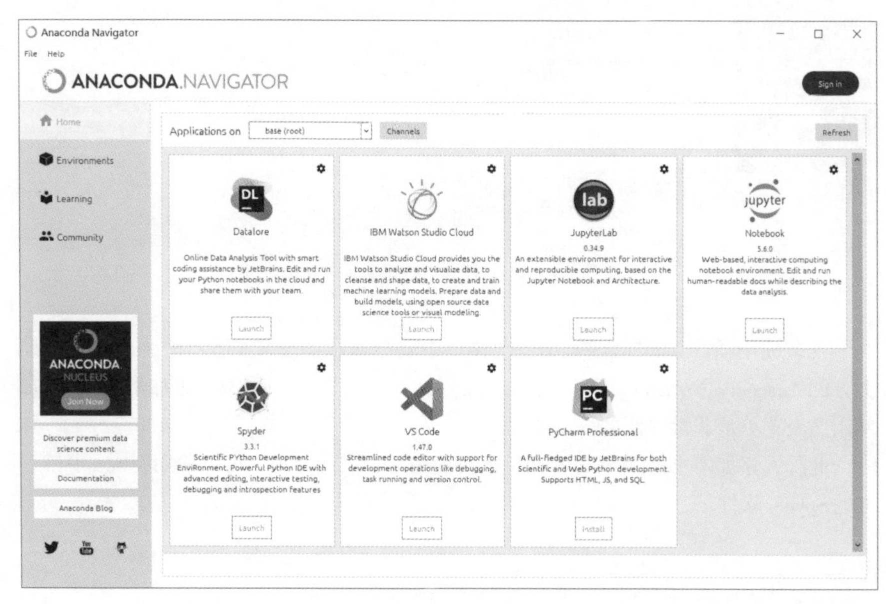

图A.5　Anaconda Navigator（图形界面工具的菜单）

如果需要另外准备Vim、Emacs和Visual Studio Code等文本编辑器，可以使用图A.4菜单中第二行的Anaconda Powershell Prompt或第三行的Anaconda Prompt。

使用在图A.4中选择的软件对Python的版本进行确认时，可以执行以下命令（图A.6）。

执行结果　**确认Python的版本**

```
C:\>python --version
```

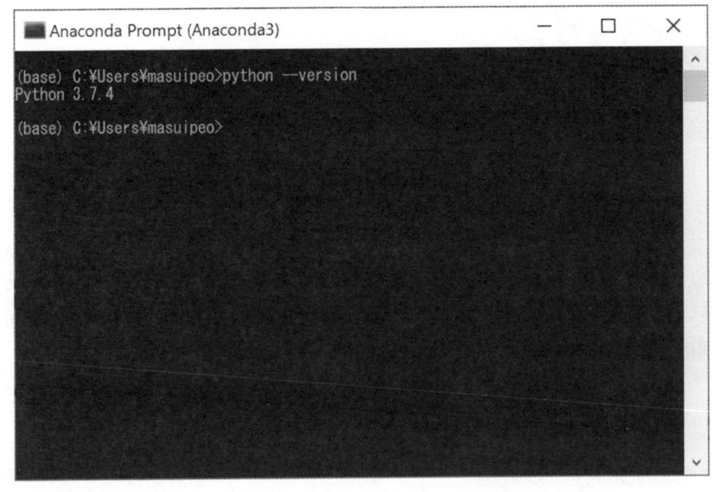

图A.6　在Anaconda Prompt中执行命令

虽然根据安装的时间或安装的版本不同，显示的信息内容可能会有所差别，不过只要显示了如图A.6所示的界面，就表示安装成功。如果安装完毕后执行程序也无法显示图4.6，请使用重启计算机等方式尝试解决。

A.2.2 macOS或Linux系统

在macOS系统和Linux系统中也可以安装Anaconda。这种情况下只需根据界面中的指示进行安装即可。

此外，在macOS系统中还可以使用Homebrew，在Linux系统中还可以使用apt或yum软件包管理系统进行安装。使用这些软件包管理系统只需执行一个命令即可安装Python和Anaconda。

执行结果　**使用Homebrew安装Python**

```
$ brew install python
```

执行结果　**使用Homebrew安装Anaconda**

```
$ brew cask install anaconda
```

执行结果　**使用apt安装Python**

```
$ sudo apt install python3.7
```

A.3 在多个版本的Python之间切换

如果同时参加了多个开发项目，不同项目中使用的Python版本有可能不同。这种情况下，就需要对开发环境中使用的多个Python版本进行切换。

Ruby等其他编程语言通常使用rbenv等工具来实现版本切换，在Python中提供了类似的工具。

如果已经安装了Anaconda，使用图A.5所示的Anaconda Navigator就可以简单地实现切换。如图A.7所示，在左侧的菜单中选择Environments，然后单击界面下方的Create按钮，就可以对Python的版本进行选择。

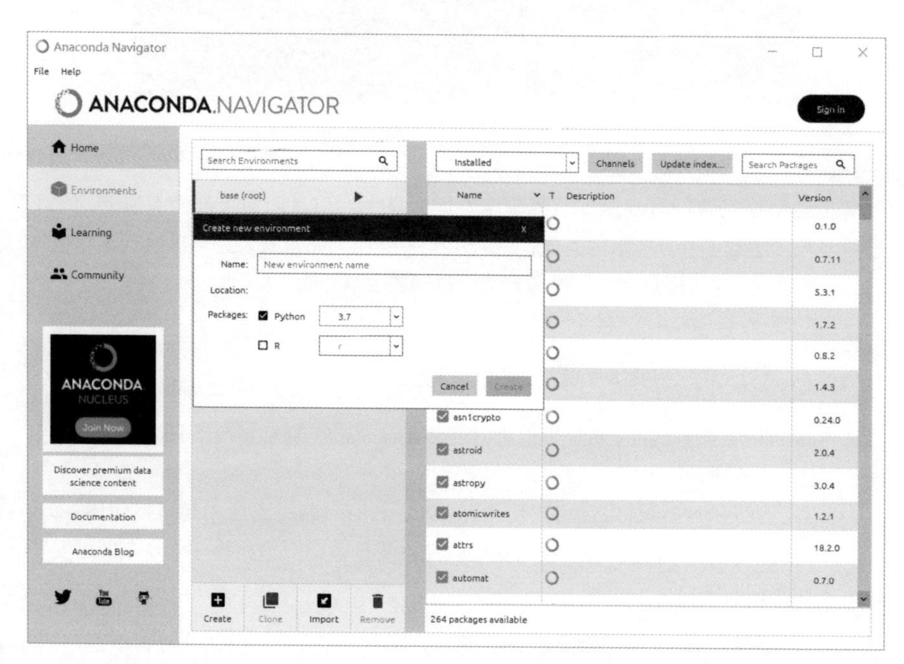

图A.7 Anaconda Navigator（图形界面工具的菜单）

此外，如果没有使用Anaconda，在Windows系统中经常会使用Python中附带的py.exe工具实现版本的切换。

macOS系统中比较有名的是pyenv，可以以目录为单位对多个Python环境进行切换，安装新版本也是易如反掌的事情。我们可以按如下所示的方式安装pyenv并执行各项命令。

执行结果 使用Homebrew安装pyenv

```
$ brew install pyenv
```

执行结果 确认可安装的Python的版本

```
$ pyenv install -list
```

执行结果 安装特定版本的Python

```
$ pyenv install 3.7.4
```

执行结果 确认安装完毕的Python的版本

```
$ pyenv versions
  system
* 3.6.5 (set by /Users/masuipeo/.pyenv/version)
  3.7.4
$
```

执行结果 切换当前目录中使用的Python的版本

```
$ pyenv local 3.7.4
```

执行结果 切换所有目录中使用的Python的版本

```
$ pyenv global 3.7.4
```

A.4 软件包的安装和删除

在Python环境中，即使只安装了标准的软件库，使用起来也是非常方便的，不过也可以通过添加安装第三方软件包的方式，使用统计、机器学习等丰富的功能。

如果使用的是Anaconda，它会默认安装一些使用方便的软件包，即使是默认没有安装的软件包，使用Anaconda Navigator或conda命令就可以简单地进行安装。

即使没有使用Anaconda，Python中还包含了pip命令，只需对安装的软件包进行指定即可方便地导入并使用。

例如，导入第2章中讲解的SymPy软件包时，需要输入下列命令。

执行结果　**软件包的安装方法**

```
$ conda install sympy
```

或

```
$ pip install sympy
```

如果不再需要使用时，只需输入下列命令即可删除软件包。

执行结果　**软件包的删除方法**

```
$ conda uninstall sympy
```

或

```
$ pip uninstall sympy
```

此外，如果需要对版本进行升级时，可以执行下列命令。

执行结果　**软件包的更新方法**

```
$ conda update sympy
```

或

```
$ pip install --upgrade sympy
```

A.5 安装时出现错误的处理

1. 安装了其他Python版本

如果事先已经安装了其他版本的Python，有时可能会发生错误。如果不需要使用已安装的版本，建议在安装之前先将其卸载，就可以预防异常的发生。

2. 安装的目录中包含日语

如果用户名中使用了日语名称，或者安装地址的目录名包含日语或全角空格，也可能在弹出的快捷菜单中导致安装失败或者安装后不能正常执行的情况出现。建议在安装路径中使用只包含英文字母的目录名称。

3. 权限不足无法安装

如果在安装的过程中出现了没有管理员权限无法进行安装的信息，选择需要执行的程序右击，在弹出的快捷菜单中选择“其他”→“以管理员身份运行”命令。

例如，以管理员身份打开Anaconda Prompt时，需要在“开始”菜单的Anaconda 3中选择Anaconda Prompt选项，右击选择“其他”→“以管理员身份运行”命令。

理解程度Check！的答案

第1章理解程度Check！

问题 1

可以得到如下所示的输出。

```
3
7
3
```

虽然在calc 函数中变量 x 进行了加法运算，但是由于没有进行全局声明，因此会被当作局部变量处理。由于是指定将 x 作为参数，因此会使用调用时的参数 x 的值，将该值与4 相加并返回。即calc(x) 中输出的就是参数 3 加上 4 的结果 7。

最后一个 x 不会根据calc 函数而发生改变，因此就是直接输出初始设置的值3。

问题 2

可以得到如下所示的输出。

```
[3]
[7]
[7]
```

在calc 函数中，作为参数被传递的变量a 的列表中开头的元素的值会加上4并返回。将列表作为参数传递时，由于是引用传递，因此该列表中的内容会被修改。

a 的初始设置为列表[3]，在后面的calc(a) 中，参数的列表中开头的元素加上4 的列表[7] 会被输出。

由于是引用传递，最后一个a 会被calc 函数修改，因此会输出变更后的列表[7]。

问题 3

可以得到如下所示的输出。

```
[3]
[4]
[3]
```

在calc 函数中，会对作为参数传递的变量a 的列表进行修改。将列表作为参数传递时，虽然也是使用引用传递的方式，但是只是对其中的内容进行修改，并不会覆盖原始的列表。

a 的初始设置为列表[3]，在后面的calc(a) 中会被修改，变成列表[4] 输出。

由于最后一个a 不会被 calc 函数中的操作覆盖，因此输出的就是初始设置的列表[3]。

第2章理解程度Check！

问题1

创建满足闰年条件时返回True，其他情况返回False的函数。

在问题中给出的1950年到2050年之间反复执行这一函数时，可以创建出如程序清单B.1所示的程序。

程序清单B.1　leap_year.py

```
def is_leap_year(year):
    if year % 4 == 0:
        if year % 100 == 0 and year % 400 != 0:
            return False
        else:
            return True
    else:
        return False

for i in range(1950, 2051):
    print(str(i) + ' ' + str(is_leap_year(i)))
```

问题2

从题中给出的公历年份中返回日本年号时，可以创建如程序清单B.2所示的程序。

程序清单B.2　gengo.py

```
def gengo(year):
    if year < 1868:
        return ''
    elif year < 1912:
        return '明治' + str(year - 1867) + '年'
    elif year < 1926:
        return '大正' + str(year - 1911) + '年'
    elif year < 1989:
        return '昭和' + str(year - 1925) + '年'
    elif year < 2019:
        return '平成' + str(year - 1988) + '年'
    else:
        return '令和' + str(year - 2018) + '年'
```

第3章理解程度Check!

问题1

(1) O(1)

即使身高或体重增加，算法的处理时间也不会发生变化，因此结果就是O(1)。

(2) $O(n^2)$

由于使用的是纵向和横向上的双重循环，因此结果就是$O(n^2)$。

(3) $O(n)$

由于只是增加了项的数量，因此结果就是$O(n)$。

第4章理解程度Check!

问题1

256次

每上升一个楼层，就增加停止或不停止的两个选项。

也就是说，如果创建表格对楼层和组合的数量进行显示，其结果如下所示。

阶数	2	3	4	5	6	7	8	9	10
组合	1	2	4	8	16	32	64	128	256

通常，如果将楼层指定为n，那么该组合的数量就可以用2^{n-2}表示。

问题2

10001495人

（北海道+青森县+岩手县+岐阜县）

单纯对所有组合进行查找，就有选择或不选择各个都道府县两种选择，那么47个都道府县就必须查找2^{47}次。这是非常不现实的。

然而，当超过目标值1000万人时，即使继续往上添加，也无法接近目标值。此外，之前查找的与1000万人相差巨大的值也无须对其进行查找。

那么，基于上述条件，从北海道开始按顺序对选择或不选择的模式进行剪枝处理的同时递归地进行查找。

此外，要计算偏差，需要使用与1000万人的差的绝对值。在Python中，可以使用abs函数对绝对值进行计算。创建的程序如程序清单B.3所示。

程序清单B.3　pref.py

```
# 接近的值
goal = 10000000

# 各个都道府县的人口数量
pref = [
    5381733, 1308265, 1279594, 2333899, 1023119, 1123891, 1914039,
    2916976, 1974255, 1973115, 7266534, 6222666, 13515271, 9126214,
    2304264, 1066328, 1154008, 786740, 834930, 2098804, 2031903,
    3700305, 7483128, 1815865, 1412916, 2610353, 8839469, 5534800,
    1364316, 963579, 573441, 694352, 1921525, 2843990, 1404729,
    755733, 976263, 1385262, 728276, 5101556, 832832, 1377187,
    1786170, 1166338, 1104069, 1648177, 1433566
]

min_total = 0
def search(total, pos):
    global min_total
    if pos >= len(pref):
        return
    if total < goal:
        if abs(goal - (total + pref[pos])) < abs(goal - min_total):
            min_total = total + pref[pos]
            search(total + pref[pos], pos + 1)
        search(total, pos + 1)

search(0, 0)
print(min_total)
```

第5章理解程度Check！

问题1

事先创建好包含可能出现的数值的列表，并将各个数值出现的次数设置为0。

对给出的数据按顺序进行遍历，分别对每个值出现的次数进行统计，最后再按出现的次数输出对应的数值。创建的程序如程序清单B.4所示。

程序清单B.4　bin_sort.py

```
data = [9, 4, 5, 2, 8, 3, 7, 8, 3, 2, 6, 5, 7, 9, 2, 9]
# 保存次数的列表
result = [0] * 10
```

```
for i in data:
    # 对次数进行统计
    result[i] += 1

# 输出结果
for i in range(10):
    for j in range(result[i]):
        print(i, end=' ')
```

第6章理解程度Check！

问题1

由于处理中的值不是0就是1，因此可以使用标志变量来管理，当出现不同的值时，就对标志变量进行反转。

当连续出现相同的值时对出现次数进行统计，如果出现了不同的值，就将之前统计的数量添加到列表中，重新开始计数，并且对标志变量进行反转。创建的程序如程序清单B.5所示。

程序清单B.5　fax.py

```
data = '000000111111100111000000001111'

flag = 0
count = 0
result = []
for i in list(data):
    if int(i) == flag:
        count += 1
    else:
        result.append(count)
        count = 1
        flag = 1 - flag

result.append(count)
print(result)
```